安全教育与突发事件应对
（第二版）

主　编　许建新　于俊夫　覃　磊

副主编　赵　丰　杨春菊　熊金城　杨青成

参　编　胡茨文　杨卫东　李方青　朗妙朗

　　　　杨瑾萍　魏祥林　温　馨　王依梅

东北师范大学出版社

长　春

图书在版编目（CIP）数据

安全教育与突发事件应对 / 许建新，于俊夫，覃磊
主编. — 2版. — 长春：东北师范大学出版社，2019.8
ISBN 978 - 7 - 5681 - 6146 - 6

Ⅰ. ①安… Ⅱ. ①许… ②于… ③覃… Ⅲ. ①大学生
－安全教育 Ⅳ. ①G641

中国版本图书馆 CIP 数据核字(2019)第174031号

□责任编辑：韩　烁　□封面设计：东师鼎业

□责任校对：杨　柳　□责任印制：许　冰

东北师范大学出版社出版发行

长春净月经济开发区金宝街 118 号（邮政编码：130117）

电话：010－82893125

传真：010－82896571

网址：http://www.nenup.com

东北师范大学出版社激光照排中心制版

长春惠天印刷有限责任公司印装

长春市绿园区城西镇红民村桑家窝堡屯（邮政编码：130062）

2019 年 8 月第 2 版　2020 年 6 月第 2 版第 10 次印刷

幅面尺寸：185 mm×260 mm　印张：11.75　字数：200 千

定价：36.80 元

前 言

　　随着我国教育事业的蓬勃发展和各项改革的不断深化，多层次、多形式的办学格局已经形成，各级学校已经由过去封闭型的"世外桃源"转变为开放型的"小社会"。随之而来的是各学校的安全形势更显复杂和严峻，危及学生人身财产的案件和诱惑学生违法犯罪的案件时有发生。为了增强学生的自我防范和自我保护能力，确保学生的人身财产安全，应对重大突发性安全事件（如新型冠状病毒等突发性传染疾病），保证良好的教学秩序，各级学校越来越重视对学生进行安全教育。

　　本书具有以下特点：

　　1. 体例新颖，内容精炼，通俗易懂

　　本书按照"案例引入""一探究竟""安全小贴士""安全互动抢答"的结构组织编写，精心挑选与学生关联度高的安全教育内容，讲解精炼，通俗易懂，能够让学生轻松、高效地学习和应用。

　　2. 素材丰富，针对性强，突出实用

　　本书在讲解每一个知识点时，通过引入针对性强的案例、图片，激发学生的学习兴趣，让学生感受到学习安全知识的重要性。同时，更注重培养学生应对事故的能力，传授休克急救、海姆立克急救法、心肺复苏术等急救方法，让学生可以在危险情况下保护自己和救助他人。

　　3. 与时俱进，以互联网技术助力传统教学

　　本书注重信息化技术与教材开发的深度融合，将微课、视频、案例等立体化素材以二维码的形式呈现在教材中，支撑混合式教学模式，能够呈现出更好的教学效果。

　　4. 突出立德树人的观念和法制理念

　　本书在重点讲解安全教育时，加强了"黄赌毒""盗窃、抢劫、诈骗""校园贷""传销"等违法行为的法制宣传，更注重将培育和践行社会主义核心价值观有效融入教材，帮助大学生健全人格，树立正确的人生观和价值观。

　　本书由曲靖医学高等专科学校的许建新、云南农业大学的于俊夫、大理农林职业技术学院的覃磊任主编，由曲靖医学高等专科学校的赵丰、杨春菊，楚雄医药高等专科学校的熊金城，德宏职业学院的杨青成任副主编，曲靖医学高等专科学校的

胡茨文、杨卫东、李方青、朗妙朗、杨瑾萍、魏祥林、温馨，曲靖农业学校的王依梅参与了本书的编写。

　　学生是祖国的未来，民族的希望。学校是学生追求知识、完善自我、实现理想的殿堂，需要文明的环境和良好的秩序。希望本书能得到学生们的喜爱，更希望学生们能通过阅读本书提高自我防范和自我保护能力，共创平安、文明的校园！本书可以作为安全教育教材，也可以作为班会安全教育读本，教师组织好学习与讨论，还可以进行学校安全小测验，常学，常讲，安全教育永远在路上！

编　者

目 录

全书资源 扫码直达

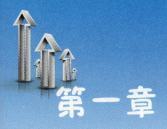

第一章

人身安全

本章导读

生命只有一次，人身安全是生存的最基本要求，维护生命安全是延续生活的底线。而大学生是国家社会主义事业的建设者和接班人，对其进行人身安全教育，引导其掌握必要的安全常识，既是维护社会稳定的需要，也是更好地建设和谐社会的必然要求。

近年来，我国的经济发展颇有成效，人民生活水平有了显著提高。但是，我国现在仍处于改革开放转型时期，改革开放的深入既促进了经济的发展，也带来了一些糟粕。随着互联网的普及，在某些情况下，这些新技术也成了危害大学生人身安全的不定时炸弹。

当前，威胁大学生人身安全的行为主要有人身伤害、性骚扰与性侵害以及黄、赌、毒等。对这些行为的防范，需要学生自身、学校、社会和政府部门的共同努力。本章将着重介绍对这些不法行径的有效防范和应对措施，希望以此提高大学生的人身安全保护意识，防患于未然，莫让不法分子有机可乘，莫让自己的青春留下遗憾。

知识点睛

（1）了解宿舍如何安全用电。

（2）了解吸烟的危害。

（3）知道如何防范、应对暴力侵害。

（4）了解如何避免打架斗殴。

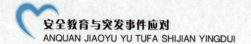

第一节　宿舍安全

案例再现

2018年4月，上海某学校女生在宿舍因不当使用"热得快"引起火灾，致使四个女生为躲避大火而跳楼身亡。四个花季学生就以这样的方式结束了自己年轻的生命，不免让所有的人痛惜，而葬送她们生命的就是同学们经常使用的"热得快"！

各院校几乎每个宿舍都出现过使用"热得快"的情况，且屡禁不止。一般学校管理人员时常会到学生宿舍收缴违规电器，如"热得快"、电饭煲、暖气扇等，而"热得快"往往是收缴最多的。但因为"热得快"价格便宜，一个10元左右，所以真的是"野火烧不尽，春风吹又生"，往往是管理人员前脚刚收走，同学们后脚又买了一个回来！其实学校收缴这些电器是为了学生的安全考虑，另外这些都是大功率电器，容易造成跳闸或者其他事故。

辛辛苦苦养大的孩子却因为小小的"热得快"而丧命，这对父母来说是多么大的伤痛。大学生一定要对自己的安全负责，让父母放心，这就是灾难之后大家应该深思的问题……

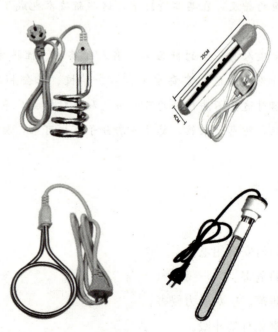

一探究竟

一、如何安全用电

（1）宿舍发生线路故障时必须及时报告有关部门进行维修，不要私自拆卸检查。

（2）不要在宿舍、走廊和卫生间等区域私自拉接电源；严禁破坏楼内的供电槽（盒）和供电电缆。

> **【安全小贴士】**
>
> 　　无论是集体还是个人，需要拉接临时电线时，都必须经供电局同意，由电工安装，禁止私拉乱接临时电线。临时电线要采用橡皮绝缘线，离地面不低于2.5米，并且要有专人管理，用过后要及时拆除。

（3）不要在宿舍内使用"热得快"、电炉、电饭锅、电炒锅、电磁炉、电热杯、电水壶等电器，遵守学生宿舍管理制度。

（4）不要在宿舍使用"三无"（无中文标识、无厂名、无厂址）产品、不合格产品、劣质产品和自制的用电设备。

（5）切实做到人离关灯、关电源，各种用电设备使用完毕后及时关闭电源。

（6）不要用湿手触摸电器、扳开关、插入或拔出插头，不要用湿布擦抹带电设备。

（7）雷雨时不使用收音机、录像机、电视机，并且要拔出电源插头，暂时不使用电话，如一定要用，可用免提功能。

【安全小贴士】

我国安全色标采用的标准，基本上与国际标准草案（ISD）相同。

一般采用的安全色有以下几种。

1. 红色：用来标志禁止、停止和消防，如信号灯、信号旗、机器上的紧急停机按钮等都是用红色来表示"禁止"的信息。

2. 黄色：用来标志注意危险，如"当心触电""注意安全"等。

3. 绿色：用来标志安全无事，如"在此工作""已接地"等。

4. 蓝色：用来标志强制执行，如"必须戴安全帽"等。

5. 黑色：用来标志图像、文字符号和警告标志的几何图形。

二、发现有人触电怎么办

视频：触电
到底有多恐怖？

触电是电击伤的俗称，通常是指人体直接触及电源或高压电，经过空气或其他导电介质传递电流通过人体时引起的组织损伤和功能障碍，重者会发生心跳和呼吸骤停。超过 1000V（伏）的高压电还可引起灼伤。闪电损伤（雷击）属于高压电损伤范畴。

【安全小贴士】

实验研究和统计表明：如果从触电后 1 分钟开始救治，那么有 90% 的救活机会；如果从触电后 6 分钟开始抢救，那么仅有 10% 的救活机会；而从触电后 12 分钟开始抢救，则救活的可能性极小。因此，当发现有人触电时，应争分夺秒地对其进行救护。

（1）要使触电者迅速脱离电源，应立即拉下电源开关或拔掉电源插头，若无法及时找到或断开电源时，可用干燥的竹竿、木棒等绝缘物挑开电线。

（2）将脱离电源的触电者迅速移至通风干燥处使其仰卧，将其上衣和裤带松解，观察触电者有无呼吸，摸一摸颈动脉有无搏动。

（3）检查触电者的口腔，清理口腔黏液，立即就地对其进行抢救，如呼吸停止，要采用口对口人工呼吸法抢救，若触电者的呼吸及心跳均停止，应做人工呼吸和胸外按压，即实施心肺复苏法抢救，另外要及时打电话呼叫救护车。

（4）向领导报告，并请医护人员前来抢救。

三、为什么不能吸烟

（1）吸烟影响健康。据统计，全球每年有 600 万以上的人死于吸烟。

【安全小贴士】

　　烟草是如何侵犯我们的身体的？我们只顾着诅咒可恶的尼古丁，但却不了解，烟草里除了尼古丁，还有上百种"生化武器"密谋着颠覆健康。

　　X光片里"有阴影的肺部"拿到解剖镜下很容易让人想起久未清洗的抽油烟机。而烟雾从被吸入到呼出的几秒钟之间，不仅是它所路经的脏器，其他一系列看似不相关的健康指标也同样遭受着污染和伤害。烟首先污染的是烟客的口腔、牙齿、喉咙和气管。由于长期遭受烟熏火燎，这些烟草的必经器官就像老电影里熏黑的屋顶和灶台一样，这就是吸烟对身体最直观的伤害。

　　香烟点燃后产生对人体有害的物质大致分为六大类：

　　（1）醛类、氮化物、烯烃类，对呼吸道有刺激作用。

　　（2）尼古丁类，可刺激交感神经，让吸烟者形成依赖。

　　（3）胺类、氰化物和重金属，均属毒性物质。

　　（4）苯并芘、砷、镉、甲基肼、氨基酚及其他放射性物质，均有致癌作用。

　　（5）酚类化合物和甲醛等，具有加速癌变的作用。

　　（6）一氧化碳，减低红细胞将氧输送到全身的能力。

（2）吸烟影响发育。例如，吸烟的男生遗精现象比较严重。

（3）在宿舍里吸烟影响其他同学的健康，容易引起同学之间的矛盾。

（4）未熄灭的烟头是导致宿舍火灾的重要因素。

【安全小贴士】

世界无烟日主题

1988 年：要烟草还是健康，请您选择

1990 年：青少年不要吸烟

1997 年：联合国和有关机构反对吸烟

1998 年：在无烟草环境中成长

2000 年：吸烟有害，勿受诱惑

2001 年：清洁空气，拒吸二手烟

2002 年：无烟体育——清洁的比赛

2004 年：控制吸烟，减少贫困

2005 年：卫生工作者与控烟

2006 年：烟草吞噬生命

2007 年：创建无烟环境

2008 年：无烟青少年

……

2013 年：禁止烟草广告、促销和赞助

2014 年：提高烟草税

2015 年：制止烟草制品非法贸易

2016 年：为平装做好准备

2017 年：烟草——对发展的威胁

2018 年：烟草和心脏病

2019 年：烟草和肺部健康

四、还需要注意什么

（1）养成只要离开宿舍就随手关门、锁门的好习惯，防止外人随便进入宿舍，避免造成不必要的损失。

（2）睡觉前要检查门窗是否关好；不要将钱包等贵重物品放在床上或桌上等醒目的位置。

（3）不要将宿舍钥匙随意借给别人。

（4）睡上铺的同学要慢上慢下，不要在床上做剧烈的活动，避免造成事故。

（5）不要将头或身体伸出窗外，避免高空落物。

（6）不要在宿舍内焚烧废纸杂物；不要将衣服、毛巾晾晒在电线或日光灯上。

（7）保持宿舍内清洁、干燥，剩菜等有机垃圾要及时处理，不要在宿舍长时间堆放，以免影响健康。

（8）与同学和睦相处，避免发生纠纷。

（9）宿舍中不要留宿外人。

 安全互动抢答

（1）"热得快"、电饭煲等有哪些危害？

（2）你吸烟吗？谈谈你对吸烟的看法。

（3）你会采取哪些措施来营造安全、干净的宿舍？

第二节　谨防暴力侵害

案例再现

为了给他人化解纠纷，河北某学校一名大学生惨死在校外人员的刀下。

据了解，2019年6月29日下午6点多，被害学生王某某接到同一学校上学的表弟高某某的电话，说因女朋友的前任男朋友来找麻烦，希望王某某能够帮忙协调。王某某立即赶到食堂门口进行劝阻。双方还没说几句话，对方就掏出随身携带的刀子刺向王某某，王某某的腹部顿时鲜血直流。见势不妙，对方赶忙逃跑，而高某某则四处喊人。后来王某某被送到市第二医院，经抢救无效死亡。

一个年轻的生命就这样消失了！我们在谴责校园暴力的同时，也应该思考：当遇到突发而来的校园暴力时该如何应对？

校园暴力电影推荐

一探究竟

一、校园暴力的常见形式

校园暴力是危及学生安全、破坏校园和谐的一大隐患。

校园暴力的表现形式多种多样，主要有以下七种：

1. 索要钱物，不给就软硬兼施、威逼利诱。

2. 以大欺小，以众欺寡。

3. 为了一点小事大打出手，伤害他人身体，侮辱他人人格。

4. 同学间因"义气"之争，用暴力手段争短论长。

5. 不堪受辱，以暴制暴，冲动报复。

6. 侮辱女同学。

7. 侮辱、恐吓、殴打教职员工。

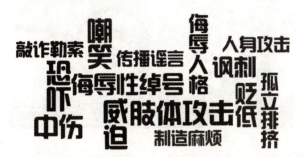

二、如何防范暴力侵害

1. 保持警惕

牢固树立起自卫防身意识，时时留心，处处警觉。

2. 保持低调

不要虚荣和争强好胜，有时候炫耀会被歹徒盯上，惹祸上身。

3. 谨慎小心

出门要谨慎选择路线，尽量不要走人烟稀少、安全隐患大的地方。

4. 拒绝诱惑

当有人，尤其是陌生人，约自己到娱乐场所或其他不安全的地方时，一定要坚决拒绝。

5. 和善待人

不欺负人，不侮辱人，不要随便占人便宜，以免结仇遭到暴力性报复。

> **【安全小贴士】**
> 　　校园暴力是由个体或群体实施的一种侵犯性行为，是一种基于恶意、任性或是故意的有目的行为，目的是让受害者产生心理上的恐惧、痛苦或身体受到伤害。校园暴力是一种基于个体或群体在体能、心理或社会地位等方面的力量不平衡所导致的权力滥用现象，其结果往往表现为对受害者实施心理或身体上的伤害和压迫行为。

三、如何应对暴力侵害

遭到校园暴力，应及时告知学校或报警，在学校、警方的帮助下制止暴力，决不能逆来顺受或直接以暴制暴。

与不法行为做斗争一定要讲究策略，运用智慧与对方周旋，尽可能避免直接搏斗，以免引起不必要的伤害。必要时尽量满足对方提出的要求，及时逃离，与此同时一定要记住对方的体貌特征，及时报警寻求帮助。

要增强法制意识，在侵害发生后，要勇敢地站出来，用法律武器维护自己的正当权益。

> **【安全小贴士】**
>
> 歹徒一般有几种意图：抢劫财物、强奸、勒索绑架、图财害命。如果歹徒只是单纯地劫财，切忌贪恋财物和抱有侥幸心理，保命是第一要则。当歹徒索要财物时，可将其尽可能往远处扔，以便歹徒拿取时趁机往反方向逃跑。
>
> 虽然歹徒在行凶时有所顾忌和担心，但是如果遭遇激烈的反抗，反倒会刺激歹徒，使其狗急跳墙，做出更疯狂的举动。所以当情况不妙时，千万不要逞强。
>
> 处在危险境地时，要机智地想办法拖延时间，争取找到脱身的机会。拖延时间的方法有很多，要根据当时的具体情况和自己的优势而定，比如佯装呕吐、不断找话题说话、求饶或尝试说服等。总之，要分散歹徒的注意力，可以先表示妥协，做出言听计从的样子，麻痹对方，使其放松警惕，伺机逃脱。
>
> 被歹徒盯上或逃跑时，为防止被尾随或被追，可以制造一些假象，如喊某人名字。

四、什么是正当防卫

《中华人民共和国刑法》第二十条规定："为了使国家、公共利益、本人或者他人的人身、财产和其他权利免受正在进行的不法侵害，而采取的制止不法侵害的行为，对不法侵害人造成损害的，属于正当防卫，不负刑事责任。正当防卫明显超过必要限度造成重大损害的，应当负刑事责任，但是应当减轻或者免除处罚。对正在进行行凶、杀人、抢劫、强奸、绑架以及其他严重危及人身安全的暴力犯罪，采取防卫行为，造成不法侵害人伤亡的，不属于防卫过当，不负刑事责任。"

需要注意的是，事后报复不属于正当防卫。

昆山血案

【安全小贴士】

正当防卫和防卫过当在时间条件、主观条件、对象条件上是一致的，但是在限度条件上却截然不同。正当防卫必须是没有明显超过必要限度，防卫行为必须在必要合理的限度内进行，否则就构成防卫过当。

限度条件需要从以下几个方面来理解：

1. 不法侵害的强度；

2. 不法侵害的缓急；

3. 不法侵害的权益。

正当防卫和防卫过当的后果非常不一样。正当防卫不负刑事责任，也就是不构成犯罪。而防卫过当需要负刑事责任，为刑法所不容。

安全互动抢答

（1）结合生活实际，谈谈防范暴力侵害应注意哪些事项。

（2）想一想，当在黑夜里遇到抢劫时该如何应对？

第三节　避免打架斗殴

 案例再现

　　校园打架伤人已经不是什么新鲜的事情了，沉痛的教训太多。有的学生因动手伤人被法律制裁，失去了继续学习的机会，也有的被他人打伤，致使身心受到伤害，学业中断。

　　2019年5月，河北某学校俩女生发生矛盾，另一女生劝架被挠伤，被挠伤女生的男友与之前一女生的男友在电话中对骂，产生矛盾。第二天中午，被挠伤女生的男友纠集数人在校园内对对方进行暴力性报复，致使矛盾激化升级。又过了一天，双方各自纠集了数名同学，于当日中午在校园图书馆后对峙，双方人员发生斗殴，其中一人被刀刺伤，经抢救无效死亡，另有9名学生受伤。

　　三天后，警方宣告破案，参与者已经全部在警方控制之下，其中伤人者涉嫌故意伤害致死被刑事拘留，因伤住院者被监视居住，另有多人涉嫌聚众斗殴被刑事拘留。

　　俗话说，冲动是魔鬼，忍一忍风平浪静，退一步海阔天空。青春如此美好，不要因为冲动闪了青春的腰。多想想爱你的父母，要对他们负责，更要对自己负责！

一探究竟

突发性打架斗殴往往是由于不能冷静对待某一小事、开玩笑过度或出言不逊造成的，也有因嫉妒、猜疑或不宽容等原因而造成冲突。

一、如何防止突发性打架斗殴

防止突发性打架斗殴重在提高自身修养，学会做人处事。多数打架都不是不可调和的矛盾，更没有深仇大恨，只不过因为面子、哥们儿意气，所以丢掉面子，冷静处置，宽容大度很重要。下面是防止突发性打架斗殴的一些建议。

1. 共同遵守宿舍生活制度

学生宿舍由于人多事杂，再加上性格、习惯的不同，在长期的相处中，难免会有矛盾产生。为了友好地相处，大家一起协商讨论，制定一套合理的作息制度、卫生清洁制度等，这样能有效地减少争执，避免矛盾的发生。

2. 多宽容，多理解

集体生活中，同学们要相互谅解，求同存异。生活中的磕磕碰碰在所难免，属于正常现象，应尽量做到宽宏大量，多体谅别人，严格要求自己，尽量不要影响别人。

3. 良好的语言沟通

在与同学沟通的过程中，切忌用类似发命令的词语，如"一定""必须""应该"等，也尽量不要用"我"开头，而改用"我们"，这样更能拉近双方的距离，增加亲近感。

4. 正确对待反抗情绪

许多人在遭遇激烈反应时，会用吼的方式回敬对方，结果导致争议越来越大。如果努力克制自己的情绪，尊重和客观地正视对方的情绪，相信对方会后悔他的失礼行为。

【安全小贴士】

　　遇到问题时，要想办法解决分歧，而不是陷入无谓的争辩。假如在争辩中没能说服对方，心中一定不快；如果觉得自己在争辩中占了上风，对方的心里也一定不爽。

　　此外，要讲文明、讲礼貌，如排队不要加塞，在教室、图书馆不要抢座位、占座位等。如果不小心影响了其他同学，要主动赔礼道歉，求得对方的理解和原谅。无论出现什么情况，都不要出言不逊，扩大事态，激化矛盾。

二、如何防止其他打架斗殴

1. 防止报复性打架斗殴

　　首先，不要主动去侵犯别人；其次，当受到别人侵犯时，要理性面对，通过合理途径解决问题。周总理曾说："与人说理，须使人心中点头。"让对方觉悟，从而领悟到同学的情谊。

【安全小贴士】

　　如果对方是无意的侵犯，可以一笑置之；如果对方是有意的，则想一下对方为什么会侵犯自己，自己是否做错了什么，并主动与对方交流，积极解决问题；如果自己解决不了，可以通过学校或法律途径解决，切忌通过打架斗殴等恶劣的方式解决，这只能使问题越来越严重，到时候后悔也来不及了。

　　如果某同学对他人产生了报复思想，也要积极地对他进行规劝，指出报复的后果。

2. 防止演变性打架斗殴

　　演变性斗殴一般有较长的发展过程。同学们长期生活在一起，不可避免地在思想上和生活中会发生一些摩擦和冲突。而有些伤人感情的话语容易久积成怨，引发斗殴，甚至毙命。因此，同学之间有摩擦要及时交流、化解，不要积怨。

3. 防止群体性打架斗殴

　　群体性打架斗殴往往是因朋友与其他人发生纠纷后，不能冷静处理而纠合起来向对方进行报复的斗殴事件，尤其是在酗酒后更容易失去理智，寻衅滋事。

　　遇到群体性斗殴，首先应当明辨是非，冷静对待，不参与此类纠纷；如果遇上别人打架斗殴，应迅速向学校有关领导或保卫部门报告，不要围观和起哄；当学校有关部门调查打架真相时，现场目击人要勇于站出来提供线索和证据。

【安全小贴士】

一、2019 年打架成本有多高，你知道吗？

1. 轻微伤的打架成本＝5～15 日拘留＋500～1000 元罚款＋医药费、误工费等赔偿＋因拘留少挣的工资。

2. 轻伤的打架成本＝3 年以下有期徒刑＋赔偿金＋医药费、误工费等赔偿＋因判刑少挣的工资。

3. 重伤的打架成本＝3 年以上 10 年以下有期徒刑、无期徒刑或死刑＋经济赔偿＋社会及家庭严重影响。

4. 打架附加成本＝民事责任费用（诉讼费＋律师费＋医药费＋误工费）＋公安机关留下前科劣迹＋心情沮丧郁闷＋名誉形象受损＋家人朋友担忧＋学习就业等遭受更大损失。

二、打架斗殴的治安处罚

根据《中华人民共和国治安管理处罚法》，殴打他人的，或者故意伤害他人身体的，处五日以上十日以下拘留，并处二百元以上五百元以下罚款。如果有下列情形之一的，处十日以上十五日以下拘留，并处五百元以上一千元以下罚款：

1. 结伙殴打、伤害他人的；

2. 殴打、伤害残疾人、孕妇、不满十四周岁的人或者六十周岁以上的人的；

3. 多次殴打、伤害他人或者一次殴打、伤害多人的。

三、打架斗殴会犯什么罪

打架斗殴犯什么罪，要看具体行为性质：

1. 如果仅仅是故意伤害性质，属于"侵犯人身权利"犯罪；如果致人轻伤以上的，涉嫌"故意伤害罪"。

2. 如果是随意殴打他人的性质，属于"扰乱公共秩序"犯罪；如果致人轻微伤以上或者持械随意殴打他人的，涉嫌"寻衅滋事罪"。

3. 如果是双方多人聚众斗殴的，属于"扰乱公共秩序"犯罪；双方五人以上的，涉嫌"聚众斗殴罪"。

安全互动抢答

（1）结合生活实际，谈谈如何防止突发性打架斗殴。

（2）想一想，当你在路上碰到朋友打群架时该怎么办？

第四节　谨防校园欺凌

案例再现

东莞沙田镇东方明珠学校高一（17）班，老师正在讲评试卷。小何突然起身冲向仅隔一条过道的同学小王，对着他的脖子右侧就是一拳。小何的拳头里有把水果刀。这一刀距颈部大动脉只差0.2厘米。血唰地流了下来，小何逃走了。

涉事的两名学生都只有十五六岁。小王大大咧咧，性格开朗，活泼好动。小何则性格内敛，沉默寡言。有同学说，小何只跟座位周围的同学讲话，他的脑袋"有点问题"，回答问题比较搞笑，因此同学们常拿他开玩笑，并以此为乐。受伤的小王就常戏弄他。但有同学在微博上表示，小何人好，什么忙都愿意帮。据称，小何与小王本来同住5楼宿舍，但小何一直被欺负，才换了宿舍。有同学反映，前晚，两人在宿舍发生冲突。昨日，在食堂买早餐时，小王故意在小何身前插队，引发矛盾，这可能是刀刺事件的导火索。

一探究竟

悲伤逆流成河

校园本是静美之所，然而这片净土也染上了血腥。如果任由这种校园欺凌发展下去，那无疑会在青少年中造成一种不良的暗示：邪恶比正义更有力量，武力比智力更有价值。这是相当危险的，所以要拒绝校园欺凌。

校园欺凌的最可怕之处在于其施暴者是孩子，而受害者也是孩子。对施暴者来说，过早沾染了不良恶习，日后的成长令人担忧。而对受害者来说，这样的经历无疑是一场梦魇，很容易留下永久的伤痕。

一、校园欺凌的常见形式

校园欺凌，指在校园内外学生中的一方（个体或群体）单次或多次蓄意或恶意通过肢体、语言及网络等手段实施欺负、侮辱，造成另一方（个体或群体）身体伤害、财产损失或精神损害等的事件。

校园欺凌的常见方式有以下四种：

1. 肢体欺凌

推撞、拳打脚踢以及抢夺财物等，是容易察觉的欺凌形式。

2. 言语欺凌

当众嘲笑、辱骂以及给别人取侮辱性绰号等，是不容易察觉的欺凌形式。

3. 社交欺凌

孤立、分隔以及令其身边没有朋友等，是不容易察觉的欺凌形式。

4. 网络欺凌

在网络发表对受害者不利的网络言论、曝光隐私以及对受害者的照片进行恶搞等，是容易察觉的欺凌形式。

【安全小贴士】

2015 年全国各级人民法院一审审结校园暴力案件共计 1000 余件，2016 年和 2017 年案件量同比分别下降 16.51％、13.37％。

2015 年至 2017 年，全国校园暴力案件中被告人为未成年人的占比呈逐年下降趋势，2015 年占比为 64.87％，2016 年占比 63.4％，2017 年为 60.79％。涉抢劫罪校园暴力案件超八成被告人为未成年人，涉强奸罪和强迫卖淫罪校园暴力案件中 16 至 18 周岁未成年人占比最大。

2015 年至 2017 年，校园暴力案件中被告人数在 5 人以上的案件占比为 6.27％，被告人数为 10 人以上的案件占比为 1.1％。全国一审审结的校园暴力案件中，36.89％的被告人有自首情节。

二、如何预防欺凌

1. 不能"怕"字当头

在遇到勒索、敲诈和殴打时不害怕，要敢于抗争。因为这些拦截的不良少年大多和受害者同龄，他们所实行的第一次拦截往往都是一种试探。如果此时在心理上就被对方所压倒，任其欺压，那么这样的第一次妥协其实就纵容、鼓励了拦截者，就会带来更不良的后果。因而，有效防范校园欺凌的第一要诀就是"不怕"。但是要注意避免激发对方欺凌升级，导致眼前吃亏。

2. 要及时报告

我们也要认识到勒索、敲诈经常是同欺凌紧密联系的，我们提倡在"不怕"的前提下与之抗争，但不意味着逞一时之勇，反而造成不必要的伤害。因此，在遇到勒索、敲诈后要及时向学校、家长报告。第一次遇到拦截后的表现是十分重要的。无论对方的目的是否得逞，如果一味害怕而忍气吞声，或是不想宣扬，就会在无形中助长对方的气焰，使得对方以为你软弱可欺，往往会导致新的勒索、敲诈和殴打事件的发生。

> **【安全小贴士】**
>
> **面对校园暴力四忌**
>
> 一忌"懵"。
>
> 二忌"沉默"。
>
> 三忌"鲁莽"。
>
> 四忌"以暴制暴"。

3. 要搞好人际关系，强化自我保护意识

这也是防范校园欺凌的一条途径。一个有广泛、良好人际关系的学生，就不容易成为勒索、敲诈和殴打的对象。

4. 要慎重择友

要对学生的交友观进行引导，鼓励多交品德好的朋友，多交"益友"，不交"损友"，对已经受到暴力侵害的朋友要多安慰，但不宜鼓动或煽动其找人来报复，以免引起更大的争端。

✅ 安全互动抢答

（1）结合生活实际，谈谈如何防止校园欺凌。

（2）想一想，当你遇到校园欺凌时该怎么办？

第五节　防范性侵犯

案例再现

2019年10月某日凌晨，四川某校区周边一栋公寓大楼附近，一个女学生遭三名歹徒性侵，受害人在被性侵过程中受到严重伤害。

据警方向媒体表示，受害人在该公寓大楼内租住，当时受害人正要返回公寓大楼的住处，三名20岁左右的男子从路旁窜出并挡住受害人的去路，紧接着将受害人强拉至路旁的灌木丛中，并对其加以性侵。

发生性侵的公寓大楼周围是大片草皮及林地，其间仅有一盏路灯，人烟稀少。

试想，如果该女生在校区学生公寓内居住，性侵案就不会发生，一个花季生命就不会受到如此严重的伤害。

【安全小贴士】

《中华人民共和国刑法》

第二百三十六条　以暴力、胁迫或者其他手段强奸妇女的，处三年以上十年以下有期徒刑。

奸淫不满十四周岁的幼女的，以强奸论，从重处罚。

强奸妇女、奸淫幼女，有下列情形之一的，处十年以上有期徒刑、无期徒刑或者死刑：

1. 强奸妇女、奸淫幼女情节恶劣的；

2. 强奸妇女、奸淫幼女多人的；

3. 在公共场所当众强奸妇女的；

4. 二人以上轮奸的；

5. 致使被害人重伤、死亡或者造成其他严重后果的。

第二百三十七条　以暴力、胁迫或者其他方法强制猥亵他人或者侮辱妇女的，处五年以下有期徒刑或者拘役。

聚众或者在公共场所当众犯前款罪的，或者有其他恶劣情节的，处五年以上有期徒刑。

猥亵儿童的，依照前两款的规定从重处罚。

一探究竟

强奸，又叫性暴力、性侵犯或强制性交，是一种违背被害人的意愿，使用暴力的非法手段，强制与被害人进行性交，属于违法犯罪行为。当被害人因为酒精、药物或其他影响等而无法拒绝进行性行为时，与其发生性行为也被视为强奸。

一、如何防范性侵

1. 加强防范意识

在校内外的各种活动场合，要随时注意避免遭受性侵害的可能性，提高自我保护的警觉性。

2. 注意言行仪表

在着装方面，女生不要穿过分暴露的衣服，大面积的身体暴露会给犯罪分子极大的感官刺激，从而引发他们的犯罪欲望。在言行举止方面，女生要懂得自尊自爱，不要与男性有过分亲密的行为，在喝酒、跳舞等社交场合，不要有轻佻、挑逗性动作，以免引起误解。

3. 关注住所环境

晚上尽量不要外出，即使外出也要尽早返回，或最好结伴而行；夜间行路时要选择行人较多、路灯较亮的道路行走，经过树林、建筑工地、废旧房屋、桥梁涵洞等人烟稀少之处要尤其小心；在学校就寝时，要避免独处，晚上睡觉关好门窗，拉上窗帘。

4. 慎重交友

在没有完全了解一个人时，不要轻信对方，不要轻易与其去陌生的地方；交往中一定要控制感情，不要有轻浮的表现，以免给人可乘之机。与新朋友在一起时，不要过量饮酒，更不要接受超过普通友谊的馈赠。若发现对方有过分亲昵、挑逗等举动时，要及时给予警告，或中断交往。

> **【安全小贴士】**
>
> 我们每个人都是自己身体的主人，谁都不能以任何理由或借口来伤害你，让你做你不愿意的事情。我们也要尊重别人的身体，不拿别人的身体特征开玩笑，也不可以触碰别人的私处。如果有人做出（或说出）让你觉得怪怪的、不舒服的行为（或言语），或强迫你看不该看的东西，你都可以大声地拒绝。

5. 选择性参加社会活动

在校期间会有很多兼职机会，如家教、促销等，同学们一定要慎重对待，最好通过学校去联系，不要盲目自行推荐。在参加前，一定要对对方的基本情况有所了解，不要贪图高报酬而贸然前往。

二、如何应对性侵害

1. 保持冷静

当遭遇性侵害时，首先自己要保持头脑清醒、情绪稳定，明白对方意图，与其周旋，等待机会，伺机逃脱。如果被害人惊慌失措，大喊大叫，进行激烈的反抗，有时候反而会刺激歹徒，助长其攻击性。

女子防身术

> **【安全小贴士】**
>
> **遇到流氓怎么办**
>
> （1）向交通岗亭的警察寻求保护。
>
> （2）如附近无交通岗亭或民警，则到商场里人多的地方去，然后再打公共电话叫熟人来接自己。
>
> （3）随意走进附近的单位，装出回到自己家的样子，然后高声喊"爸爸，我回来了""哥哥，我回来了"等。
>
> （4）如果可能，迅速拦一辆出租车或乘公共汽车离开。

2. 明确意愿，态度坚决

有时性侵害行为是由于施暴者错误地理解了被害人的意愿后发生的。因此，尤其是女生，要时刻注意自己的言行举止，遇到过分行为时，一定要果断表明态度，阻止性侵害的发生。

3. 找准时机，正当防卫

在遭遇不可避免的性侵害时，可对歹徒身体的薄弱部位进行攻击，如腹部、档部等，使其身体产生伤痛而终止侵害行为，同时为逃脱创造机会。此外，平常可随身携带一些防身装备，如喷雾剂、强光手电筒等。

猛仰头击其面部　　借惯性提膝撞档　　顺势发撩掌击档部　　双手叠压抓发之手

【安全小贴士】

女性的防卫"八招"

一"喊"——有道是"做贼心虚"。别小看喊声带来的风吹草动，它有可能阻止犯罪嫌疑人的主观恶性继续加深。假如色狼正处于犯罪初始阶段，女性应当大声呼救，以求得他人闻声救助。

二"撒"——若只身行路遭遇色狼，呼喊无人，躲不开，色狼仍然紧追不舍，这时可以就地取材，抓一把泥沙投向色狼的面部（女性为防侵害，可以在衣袋、书包内常备些食盐），这样做可以抢出时间报警。

三"撕"——如果"撒"的办法不起作用，仍被色狼死死缠住，女性可以在反抗中撕烂色狼的衣裤，然后将衣裤碎片、衣扣、断带等作为证据带到公安机关报案。

四"抓"——使劲撕仍不能制止加害行为的，可以向犯罪嫌疑人的面部、要害处抓去。

五"踢"——面对一时难以制服的色狼，可以拼命踢向他的致命器官，这样可以削弱他继续加害的能力。

六"变"——若遭色狼跟踪，不要害怕，见机变换行走路线，一般都可将其甩掉。

七"认"——受到色狼不法侵害时，女性应当瞪大眼睛，牢记色狼的面部和体态特征，多掌握线索，以便在报案（一定要争取在 24 小时之内）时提供给公安人员。

八"咬"——色狼施暴时常常先将女性的双臂缚住，此时在不得已时应抓住时机咬住其肉体不松口，迫使其就范。

4. 妥　协

如果到了没有退路的危险境地，只能委屈自己，向歹徒妥协并表现出积极配合的样子，保住生命是第一位的。一定要尽量记住歹徒的特征和保留证据，如身高、年龄、体态、相貌特征、口音、衣着等，为以后破案提供帮助。

【安全小贴士】

在时间上，夏季强奸案最多，女孩子一定要提高警惕。一旦被犯罪分子性侵害了，要寻求三种救助：一是生理救助，即告诉亲人，找医生、不洗澡、取证、性病检查；二是法律救助，即报案；三是心理救助，如家庭关怀。

 安全互动抢答

（1）要避免受到性侵犯，平常在生活中需要注意什么？

（2）谈一谈性骚扰和性侵犯的区别和联系。

第六节 远离色情、赌博、毒品、艾滋病

 **案例再现**

李某某是福建省某学校的学生，有天他在网上浏览信息时，无意间发现了一个色情网站，于是偷偷从该网站下载了几部色情电影观看。之后，李某某每天都想着色情电影里的画面，变得精神恍惚，学习成绩也一落千丈。

后来，李某某想模仿一下色情电影中的情节。他以"潇洒人生"为网名注册了一个QQ账号，添加了许多女性网友。2018年12月，他约附近另一所学校的女网友小琴到公园游玩。小琴答应了，并很快与李某某在公园碰上面。

李某某带着小琴走向公园深处。在一个树丛茂密的地方，他突然露出了凶相，在小琴不愿意的情况下对她做出性侵犯行为。

之后，受害者小琴在母亲的陪同下到公安机关报案。李某某很快被抓获，等待他的是法律的严惩。青少年的性侵和暴力举动，许多都来源于对低俗电影的模仿。

 **一探究竟**

一、色情有哪些危害

1. 影响学业

色情文化被称为"精神海洛因"，对青少年学生身心健康发展与性爱价值观影响很大，沉迷于此将荒废正常的学业。

2. 损害学生的身心健康

色情信息宣扬的是各种畸形的性行为，长期接受这些信息对学生身心健康的塑造会产生破坏性的影响，它们会造成青少年学生的身体功能紊乱，心灵扭曲，思想变得肮脏。一些自制力差、意志薄弱的同学甚至禁不住诱惑，铤而走险，从此走向性犯罪的深渊。

3. 危及学生的人身安全甚至生命

一些有组织的色情提供者会诱骗学生提供各种有偿性服务，对学生的人身安全甚至生命造成直接的威胁。而一些犯罪分子则诱惑学生进行"网恋""网婚"，时机成熟时约请见面，实施犯罪。

二、如何远离色情

1. 正确认识对于色情的冲动

多数人在青春期的时候都会对性产生强烈的冲动和好奇，这是人体的正常生理反应，不应回避或羞愧，应该正确学习相关理论和知识，正确而积极地对待和异性的相处。

2. 重视个人修养

注重培养正确的人生观和是非观。

3. 培养健康的兴趣爱好

培养健康的兴趣爱好，可以给青少年学生带来非常多的好处，如锻炼学习能力和身体素质、释放压力、增加与人的沟通和交流等，在兴趣爱好中增长智慧，从而更好地抵制不良诱惑。

三、赌博有哪些危害

赌博是一种拿有价值的东西做注码来赌输赢的游戏，具体包括斗牌、掷色子等形式。

大学生赌博主要有以下危害：

1. 赌博是一种恶习，也是社会公害之一

赌博很容易上瘾，经常赌博会荒废学业，违反法律和校规校纪。

2.破坏同学关系，影响正常秩序

一旦参与赌博，赢了的不会满足，输了的总想"翻本"，长此以往，势必会影响同学关系。同时，赌博活动会影响周围同学的正常生活，时间一长，不满意、不信任的情绪必然产生。

3.赌博容易使人走上违法犯罪的道路

赌博是群体性的违法犯罪活动，根据有关部门统计，大学生因参与赌博而被学校开除学籍、留校察看之事时有发生，因赌博而走上违法犯罪道路的现象也屡见不鲜。

四、如何远离赌博

1.要充分认识赌博的危害，自觉培养高尚的情操

如积极参加健康有益的文体活动，充实自己的业余文化生活。

2.要防微杜渐，分清娱乐和赌博的界限

很多赌博成瘾的人都是从"赌饭""赌水果""赌夜宵""赌烟""带点刺激"等开始的，久而久之，胆子壮了，胃口也大了，从而陷入赌博的泥潭。

3.思想上要警惕

不要因为顾及朋友、同学的情面而参与赌博，遇到他人相邀，要设法推脱，决不参与。

4.及时阻止同学参与赌博

要从关心和爱护同学的角度出发，及时用正确的方式制止同学参与赌博，必要时要向老师和学校有关部门报告。

【安全小贴士】

网络赌博通常指利用互联网进行的赌博行为。

网络赌博类型繁多，基本上现实生活中主要的赌博方式在网络中都可以进行。但由于受时间、地点等不确定因素影响，一般还是以"结果"型的赌法为主（例如赌球、赌马、网上百家乐等），而现场操作比较复杂的方式就相对较少（例如扎金花、拉耗子等）。网络赌博一般采用信用卡投注或电话下注、电子划账的方式进行资金转移。赌场服务器大多设立在国外。

与一般意义上的赌博相比，网络赌博虽然是在虚拟空间进行，但其本质并无二致，且更具隐秘性和危害性。

五、毒品有哪些危害

目前，毒品已成为全世界的一大公害。我国法律规定，毒品是指鸦片、海洛因、甲基苯丙胺（冰毒）、吗啡、大麻、可卡因，以及国家规定管制的其他能够使人形成瘾癖的麻醉药品和精神药品。罂粟、咖啡因、安钠咖、摇头丸也属于毒品。

冰毒|罂粟籽|摇头丸|可卡因|鸦　片|大麻

电视剧：破冰行动
（吸毒片段）

【安全小贴士】

什么是毒品，关键看两点：一是它能使人成瘾，产生强烈的生理和精神上的依赖性，也很难戒断；二是毒品严重危害人的生理和精神健康，甚至导致死亡。

毒品的危害有许多，下面列举一些：

1. 吸食毒品能够毁掉一个人的健康和生命

毒品对人的身心健康毒害很大，它极易成瘾，很难戒除。吸毒时间稍长就会导致人体各器官功能减退，免疫力丧失，生育能力遭到严重破坏。

【安全小贴士】

　　吸毒会使人精神不振、情绪消沉，思维和记忆力衰退，引起精神失常，并且可以直接致命。吸毒人员平均寿命一般为30～40岁。同时，人一旦吸毒成瘾，大多数就会道德沦丧，不顾廉耻，没有了人格尊严，最终被社会、家庭和亲朋唾弃。

2. 吸毒直接诱发违法犯罪

　　吸毒者需要大量源源不断的资金购买毒品，为了吸毒，他们就会去偷、去抢、去骗，甚至杀人劫财。在监狱关押的犯罪分子中，有近30％的人与吸毒有关。因此，毒害不除，社会就不得安宁。

3. 吸毒是产生严重危害人类健康的传染性疾病的祸根

　　吸毒已经成为我国艾滋病传播的主要途径。如果不能有效地控制毒品蔓延，必将对人类的生命健康造成重大损害。

视频：不染毒
（毛不易）

六、如何远离毒品

1. 接受毒品知识及法规的教育

　　接受毒品基本知识和禁毒法律法规教育，了解毒品的危害，懂得"吸毒一口，掉入虎口"的道理；树立正确的人生观，不盲目追求享受，寻求刺激，赶时髦。

2. 牢记别人的教训和忠告

　　一定要时刻牢记"一朝吸毒，终生难戒""一时不慎，痛悔一生""一失足成千古恨"这样的忠告。

【安全小贴士】

　　一旦沾染毒品是很难真正戒断的，能够戒断了的也只是极少数。对毒品，一定要保持高度警觉，在这个关系一生前途命运的问题上，绝不能有任何侥幸心理。青少年有无限的向往和好奇心，这是求知进取的表现，但是对像毒品这样严重摧残人类的东西，一定要拒绝和远离，坚决不要冒险去尝试。

　　3. 面对诱惑要增强自控能力

　　学会控制自己的人是生活的强者。一项调查表明，有92％的人第一次吸毒时都是被引诱的，其中80％以上的人初吸时都是被白送"请客"的，因此我们一定要增强识别和自控能力，千万不要"自投毒网"。

【安全小贴士】

　　目前，社会上有一些毒贩子专门暗地里引诱一些意志薄弱的青少年，向他们宣扬毒品的所谓"好处"，并赠送毒品让他们尝试，等他们一旦上瘾，欲罢不能时，再向他们高价贩卖。

　　4. 要慎重交友

　　我们交友一定要有原则，最好不要在社会上过多地结交朋友。青少年辨别是非的能力还有待提高，搞不好就容易结交坏人，误入歧途。如果一旦与毒贩子为友，那就很难逃脱噩运了。据调查统计，90％的吸毒者都是在他们结交的"朋友们"的引诱下沾染上毒品的。

　　5. 不要轻易涉足公共娱乐场所

　　歌厅、舞厅、茶楼、网吧、电子游戏厅等各种公共娱乐场所有许多极不利于青少年身心健康的东西，往往成为吸毒、贩毒活动的地下场所，是吸毒、贩毒人员经常出没的地方。

珍爱 生命　拒绝 毒品
YES TO LIFE　NOT TO DRUG

6. 在困难和挫折面前要自强

在困难和挫折面前，我们一定要增强自信心，勇于迎接挑战，决不能自暴自弃，一蹶不振，更不能走近毒品，到毒雾中去寻求一时的解脱，那无疑是自我毁灭。同时，有困难、有挫折要及时找老师、找朋友，说出自己的心里话，绝不能自我封闭。

> **【安全小贴士】**
>
> 　　国际禁毒日，全称是禁止药物滥用和非法贩运国际日。1987 年 6 月 12 日至 26 日，在奥地利首都维也纳举行了联合国部长级禁毒国际会议，有 138 个国家的 3000 多名代表参加了这次国际禁毒会议。这次会议通过了禁毒活动的《综合性多学科纲要》。
>
> 　　26 日会议结束时，参与会议的代表一致通过决议，从 1988 年开始将每年的 6 月 26 日定为"国际禁毒日"，以引起世界各国各地区对毒品问题的重视，同时号召全球人民共同来解决毒品问题。

七、艾滋病的危害

1. 损害身心健康

艾滋病诊断标准

艾滋病病毒感染者一旦发展成艾滋病人，健康状况就会急剧恶化，身体器官逐渐衰竭，最后被剥夺生命。患者除了身体上要遭受巨大的痛苦外，心理上也会承受巨大的压力，容易受到歧视，难以得到亲友的关心和照顾。

2. 对他人的危害

感染者无保护的性行为、多个性伴、共用针具静脉吸毒及经过母婴途径等可将病毒传染给其他人。

3. 对家庭及社会的危害

虽然我国早已实施对 HIV 感染者"四免一关怀"的政策，但晚期并发症的治疗仍可能给家庭和社会带来沉重的经济负担和社会问题。

八、如何预防艾滋病

1. 加强健康教育

了解艾滋病的危害性，掌握艾滋病防病知识，提高认识，避免高危性行为，如果有高危暴露要到医院或疾控中心进行艾滋病病毒抗体筛查和评估，必要时吃阻断药。

2.阻隔一般传染途径

（1）避免与患者、疑似者及高发病率者发生性接触；

（2）不用未经消毒的注射器和针头；

（3）不接受患者、疑似者及高发病率者献血；

（4）避免应用境外生产的血液制品；

（5）防止口、眼、鼻、粘膜与可疑感染物接触。

艾滋病传播途径

【安全小贴士】

　　艾滋病是一种病死率很高的严重传染病，它的医学全称是"获得性免疫缺陷综合症"（AIDS）。这个命名表达了三个定义：第一，获得性：表示在病因方面是后天获得而不是先天具有的，是由艾滋病病毒（HIV）引起的传染病；第二，免疫缺陷：主要是病毒造成人体免疫系统的损伤而导致免疫系统的防护功能减低、丧失；第三，综合症：表示在临床症状方面，由于免疫缺陷导致的多种系统的机会性感染、肿瘤而出现的复杂症候群。

 安全互动抢答

（1）结合生活实际，谈谈如何远离色情。

（2）结合生活实际，谈谈赌博的危害。

（3）结合生活实际，谈谈毒品的危害。

第七节　警惕校园贷

案例再现

无钱偿还校园贷

2017 年 4 月 11 日，厦门华厦学院一名大二女生因陷"校园贷"在泉州一宾馆自杀。据报道，该女生借款的校园贷平台至少有 5 个，仅在"今借到"平台就累计借入 57 万多，累计笔数 257 笔，当前欠款 5 万余元。其家人曾多次帮她还钱，期间曾收到过"催款裸照"。

2017 年 8 月 15 日，20 岁的北京某外国语高校的大学生，在吉林老家溺水而亡。家人发现他留下的遗书后，他的手机还不间断收到威胁、恐吓其还款的信息。

2017 年 8 月 24 日，武汉某大学大三学生孙某因欠下"校园贷"4000 元，一年时间滚到 50 余万元。

2017 年 9 月 7 日，华商报报道，21 岁的陕西大二学生朱某贷款 20 多万，用于同学聚餐以及偿还贷款等，当无力偿还时跳江自杀。

2018 年 5 月 17 日，西安大学生小森（化名）走出宾馆赴河北找工作，在保定市政府附近一个废品收购站服毒自杀。正当家人沉浸在悲痛中时，小森留下的电话却每天接到大量来自网贷平台的催款电话，小森借款均为分期贷，每期还款数百到一两千不等，其中有一笔总额为 9000 余元。

调查显示，在弥补资金短缺时，有 8.77% 的大学生会使用贷款获取资金，其中网络贷款几乎占一半。大学生金融服务成了近年来 P2P 金融发展最迅猛的产品类别之一。

一探究竟

一、校园贷有哪些危害

校园贷是指在校学生向各类借贷平台借钱的行为。

1. 校园贷具有高利贷性质。

2. 校园贷会滋生借款学生的恶习。

3. 若不能及时归还贷款，放贷人会采用各种手段向学生讨债。

4. 有不法分子利用"高利贷"进行其他犯罪。

【安全小贴士】

2017年6月，中国银监会、教育部、人力资源社会保障部下发《关于进一步加强校园贷规范管理工作的通知》要求，未经银行业监管部门批准设立的机构禁止提供校园信贷服务，各地金融监管要加强引导，鼓励合规借贷机构积极进入校园，为大学生网贷提供合法合规的信贷服务。

二、如何防范校园贷

1. 严密保管个人信息及证件

一旦被心怀不轨者利用，就会造成个人声誉及利益损失，甚至有可能吃上官司。如果被骗的个人信息被用到互联网金融平台贷款，不止蒙受财产损失，不良借贷信息还有可能录入征信体系，不利于将来购房、购车贷款。

2. 贷款一定要到正规平台

由于现阶段互联网金融监管力度不够，存在不少"挂羊头卖狗肉"的平台，大学生贷款一定要到正规平台。正规的贷款平台审核严格，也会跟借款学生电话确认，是否为借款本人，资金用途是否正规等。

3. 贷款一定要用在正途上

大学生目前还处于消费期，还款能力非常有限，如果出现逾期，最终还是家长买单，加重他们的负担，所以学生网上贷款一定要慎重。

【安全小贴士】

校园贷平台的催款程序包含了"十步曲"：

1. 发逾期短信；

2. 单独发短信；

3. 单独打电话；

4. 联系贷款者室友；

5. 联系父母；

6. 再次警告本人；

7. 发送律师函；

8. 给学校发通知；

9. 在学校公共场合张贴大字报；

10. 群发短信。

4. 别轻易相信借贷广告

一些 P2P 网络借贷平台的假劣广告利诱大学生注册、贷款，文案上写着帮助解决学生在校学习和生活的困难，实际上，这样的高利贷、诱导贷款、提高授信额度易导致学生陷入"连环贷"陷阱。

5. 树立正确的消费观

要树立理性、科学的消费观，尽量不要在网络借款平台和分期购物平台上贷款和购物，养成艰苦朴素、勤俭节约的优秀品质；同时，要积极学习金融和网络安全知识，远离不良网贷行为。

【安全小贴士】

监管趋严已成为业界共识，除专项整治外，上海、深圳、重庆、广州等地方行业自律组织都相继出台"禁令"，2016 年 8 月 24 日，银监会亦明确提出用"停、移、整、教、引"五字方针，整改校园贷问题。强压之下，诸多涉及校园贷业务的平台正谋求转型或退出。

 安全互动抢答

（1）你用过校园贷吗？应该如何防范校园贷？

（2）如果身边的同学身陷校园贷，你会怎样帮助他？

第二章

财 产 安 全

 本章导读

　　大学生的财产安全，主要是指大学生在学校期间所带的现金、存折、购物卡、学习及生活用品等不受侵犯。由于大学生涉世不深，不善于保管自己的钱物，又是集体生活的特殊群体，大学生的财产就成了盗窃、抢劫、诈骗、敲诈勒索等不法分子侵害的重点对象。目前，校园发生的各类案件中，侵害大学生财产案占到首位。大学生财产一旦受到侵害，不但给家庭带来一定负担，而且给大学生的学习、生活、心理造成一定影响。大学生为保障自己专心致志地学习，愉快地生活，就有必要学会、掌握保障自己财产的安全常识。

知识点睛

　　1. 了解如何预防被盗。

　　2. 掌握如何预防抢劫。

　　3. 知道如何防范诈骗。

 # 第一节　防范被盗

案例再现

2018 年 9 月 22 日深夜 2 点，南昌某学校两栋学生公寓楼 2 至 3 楼多间女生宿舍集体被盗，数位学生的电脑、手机及现金惨遭洗劫，损失近 5 万元。

这次群体性被盗事件引起了学生们的广泛争议。一觉醒来，发现手机、电脑等财物都不翼而飞了，遇到这样的情况，谁都不能淡定。一名被盗学生反映，被盗当晚，宿舍的人都在睡觉，直到第二天起床时才猛然发现，宿舍的窗户、大门居然是敞开的，钱包等有明显被翻找过的迹象。学生们断定，盗贼可能是顺着窗户爬进来行窃的。

入室盗窃不是件小事，盗贼在偷盗时并没有被学生发现。如果在偷盗过程中有人醒来，盗贼是否会对其进行人身伤害？这次作案者的本意是偷盗，如果作案者心怀不轨，女生们的自身安全是否还能得到保障？

由于大学校园人员多，流动性大，环境相对自由，加之很多盗贼手法老道，即使学校安装了监控设备并加强了保安巡逻，盗窃事件仍然频频发生，而且破案难度也非常大。为此，学校的安全防范措施应该做到位，同时学生也应该加强自身的防范意识。

一探究竟

一、宿舍如何防盗

大学生需要具备防范意识，提高警惕，不给小偷可乘之机。

（1）不要随手将手机、钱包、数码相机等贵重且容易拿走的物品放在桌面上或床上，尽量放在比较隐蔽的地方。

（2）长时间离开宿舍应锁好门、关上窗户，而且不要将钥匙或其他证件乱放，更不要随意将钥匙借给他人。短时间离开宿舍，如到其他宿舍串门，也要养成随手锁门的好习惯。

（3）应将数额较大的现金存入银行，不要放在宿舍。应妥善保管银行卡、身份证、学生证等有效证件。银行卡的密码尽量不要用诸如自己的生日或者电话号码之类的容易被猜到的数字，更不要随意向他人透露，包括最好的朋友。

（4）宿舍不要随意留宿外人。对形迹可疑的陌生人，如遇到在宿舍楼里四处走动、窥探张望者，要主动多问问，使盗窃分子心生畏惧，无机可乘。必要时，可告知值班老师或保卫人员，若发生紧急情况，可向附近的同学求助或大声呼喊求得帮助。

【安全小贴士】

　　盗窃，是指一种以非法占有为目的，秘密窃取国家、集体或他人财物的行为。这是一种最常见的，被师生最为深恶痛绝的违法犯罪行为。盗窃案在学校发生的各类案件中约占90%以上。

　　按作案主体进行分类，盗窃案可分为外盗、内盗和内外勾结盗窃三种类型。在学校里，少数学生对自己要求不严，人生观和价值观发生扭曲，法律意识淡薄，不顾家庭和自己的经济承受能力，追求时尚，盲目攀比，从而导致没有钱花就去偷，逐步走上了犯罪的道路。这是导致学校盗窃案件不断发生的原因之一。

二、食堂、教室、操场如何防盗

　　（1）如果需要在教室用书包占座位，应将包内的贵重物品拿出来随身携带，或找同学帮忙看管。

　　（2）在食堂排队打饭时，不要将手机、钱包等放在裤子后兜里。此外，应将随身背包或挎包移到身前。

　　（3）在教室或图书馆学习时，如果小睡、去厕所或外出接打电话时，应携带自己的贵重物品，或找同学帮忙看管，以防一觉醒来或外出归来贵重物品丢失。

　　（4）在操场上运动时，最好把手机和钱包集中放在一起，找专人看管，或将手机和钱包放在宿舍。

三、外出时如何防盗

　　（1）学生在外出时尽量不要携带大量现金或贵重物品。在人多杂乱的地方，尽量不要清点财物和现金，以免被盗贼盯上；同时也不要因为不放心而经常摸放钱的口袋或背包，以免引起扒手的注意。

　　（2）乘车前准备好公交卡或零钱，并检查手提包拉链是否拉好，系好衣扣，不给扒手作案的机会。

　　（3）尽量不要将钱夹放在身后的口袋里，最好将手提包等物品放在胸前，并用双手护住，不应脱离视线。尤其是乘公共汽车时，不要把钱或贵重物品置于包的底部或边缘，以免盗贼将包割开盗走。当听到乘务员或司机说一些提醒的话时，要引起注意，查看自己周围是否有可疑人员。

（4）上下车时，要注意清点自己随身携带的物品，以免匆忙上下车丢失物品，同时也防止扒手假扮乘客，趁乱行窃，得手后迅速下车。

（5）在秩序相对混乱拥挤的环境中，如上下公共交通工具时应格外注意身边的人，特别要注意那些见车就挤而又不上车的人。有的犯罪团伙甚至会设计情节在乘客面前表演，吸引乘客注意力来配合团伙作案。例如，有的团伙成员假装争吵，甚至大打出手，在公交车厢里推来推去，吸引人们注意，团伙其他成员则借机实施盗窃。

【安全小贴士】

乘公交车时，防止被窃技巧：

一是上车不要只顾挤而要将背包放在身前，手机最好拿在手中；

二是在车上应将包放在胸前或拎得很低，尽量在视线之内；

三是车厢拥挤时，尽量不要敞开外套，放钱包的口袋要扣好；

四是女生不要将钱包、现金、手机等放在透明或较薄的包内；

五是在车上最好不要将包打开，暴露钱物。

（6）长途旅行时，应加强警惕，不要食用陌生人的食品和饮料。尽量避免睡得太沉，因为扒手常常趁乘客熟睡而伺机实施扒窃。

【安全小贴士】

铁路民警防盗提示：（1）衣帽钩不要挂装有财物的衣服；（2）行李箱放在视线可见处；（3）上下车时切勿拥挤。此外，谨防一些人利用报纸或衣服等物品作为掩护，阻挡乘客的视线趁机扒窃。

四、被盗后如何应对

（1）保护现场，及时报案。一旦失窃，不要惊慌失措，一定要保持冷静，要马上向学校的保卫人员或公安机关报案，并注意保护好现场。与此同时，努力提供有价值的线索，积极配合警察进行案件的侦破。

（2）若存折、银行卡等失窃或丢失，应立即挂失，避免更大的损失。此外，应查询丢失后是否曾有人从被盗存折或银行卡中提取现金，若确有此事，可向当地公安机关报案。

> 【安全小贴士】
>
> 　　由于现在的手机一般都安装有 QQ、微信、支付宝等在线通讯和支付工具，因此平时应为手机设置屏幕锁。当手机丢失时，要及时更改这些在线工具的密码，避免造成更大的损失。对于支付宝，还可拨打 95188 进行手机支付宝挂失。
>
> 　　此外，当手机丢失时，最好向手机号服务商申请暂时停用该手机号，即拨打服务商客服电话（移动为 10086，联通为 10010，电信为 10000）进行申请，客服会要求提供 3 个常用的联系人号码。申请成功后可到服务商在当地的营业厅重新办卡。

　　（3）在学生宿舍这种特定环境中，大多数盗贼不敢轻举妄动。如果撞见盗贼正在作案，不要害怕，应尽快拿起身边可以自卫的工具，如凳子、棍子等，以防其逃窜，并保护自己，同时大声喊同学前来援助，但要预防盗贼情急伤人。

　　（4）在盗贼无法被当场抓获的情况下，应记住其特征，如年龄、性别、身高、胖瘦、相貌、衣着、口音等，以便公安和保卫部门破案。

> 【安全小贴士】
>
> 　　《中华人民共和国刑法》第二百六十四条规定："盗窃公私财物，数额较大的，或者多次盗窃、入户盗窃、携带凶器盗窃、扒窃的，处三年以下有期徒刑、拘役或者管制，并处或者单处罚金；数额巨大或者有其他严重情节的，处三年以上十年以下有期徒刑，并处罚金；数额特别巨大或者有其他特别严重情节的，处十年以上有期徒刑或者无期徒刑，并处罚金或者没收财产。"

 安全互动抢答

　　（1）你被盗过东西吗？该从哪些方面培养良好的防盗习惯？

　　（2）遇到被盗情况时该如何应对？

第二节 防范抢劫

案例再现

2014年11月某日晚8点左右，扬州一名女大学生逛街如厕出来，被一名穿绿色军大衣的持刀男子从背后突然卡住脖子，强行拖入男厕实施抢劫，该女生吓得大声喊叫，在公厕外等候的两名女同学最先听到呼救声，也吓得不知如何是好，只能在一旁帮着呼救。

幸运的是，这一幕恰巧被扬州某体育学院3名男生碰上，听到呼救声后，他们迅速冲入厕所，合力将歹徒按倒制服，救下被劫女生并报警，十分钟左右警察赶到。经查，该男子有犯罪前科，几天前刚来到扬州，在案发当晚预谋抢劫。

事后，就连办案的民警回想起来也颇为担心，如果当时3名男生不及时冲上去帮忙，还不知道会发生什么。据了解，在和歹徒搏斗的过程中，一名男生身体被刀子划出了一个口子，受害女生面部被划伤，所幸并无大碍。

之后，3名男生的勇敢行为被认定为见义勇为。我们在为3名男生勇斗歹徒拍手叫好的同时，也应该深思，该女生外出时如果小心一些，抢劫是否可避免？面对抢劫，我们又该如何正确地应对？

一探究竟

抢劫，指行为人对公私财物的所有人、保管人、看护人或者持有人当场使用暴力、胁迫或者其他方法，迫使其立即交出财物或者立即将财物抢走的行为。

一、如何防范入室抢劫

（1）对来访宿舍的陌生人，要提高防范意识，要问清楚其来意，不要随便让其进屋，不要在宿舍接待各种推销人员。

（2）不要在人前炫富，更不要随意将自己的宿舍、所在院系、电话号码等重要信息告诉不熟悉的人。

> **【安全小贴士】**
>
> 如因实习等原因必须在校外租房，大学生必须注意以下安全：
>
> 1. 要看房东是否是正规的房屋出租户，了解欲租房地区的治安、周边环境和房东的家庭状况。
>
> 2. 仔细检查出租屋内的门、窗、防盗网、锁、电线、煤气管道是否安全，以及提供的电器设备是否老化。
>
> 3. 不要带领同学、朋友到住所玩耍和居住。
>
> 4. 与房东履行正式手续，签订租房协议或合同时，内容越具体越好。
>
> 5. 独自在家时，应及时把门锁好，不要给不认识的人开门。有的坏人冒充邮递员、推销员、检修工人等，骗开了门，入室抢劫或做其他坏事。
>
> 6. 如遇到坏人以各种理由闯入家中，要在保证人身安全的情况下，与坏人斗智斗勇。

二、如何防范拦路抢劫

电影：天下无贼
（打劫片段）

（1）晚上单独出行的学生往往会成为抢劫分子的首选目标。因此，为了保护自身安全，同学们晚上外出最好结伴而行，尤其是女生，晚上最好减少外出。

（2）外出时应妥善保管贵重物品，不要随身携带大量现金。不要让首饰、笔记本电脑、手机等值钱的物品过于显眼。

（3）根据校园抢劫案的特点，学生遭到抢劫多发生在比较偏僻的地点。因此，为避免遭到抢劫，应选择走大道，特别是在夜间，莫要贪近路走一些偏僻小道。要提高警惕看是否有人跟踪，若发现有人跟踪，应尽量快速将其甩掉，或走向人多的地方。

（4）到银行办理业务时，最好有同学陪伴，特别是在取款时，要留意有没有人盯梢。

（5）外出时最好搭乘公交车或出租车，不要坐黑车。近年来已发生多起黑车司机抢劫学生的事件。

【安全小贴士】

防抢顺口溜

生人敲门别理睬，引狼入室危险大；

晚上出行亮处走，最好结伴双人行。

出门上街靠右行，同时拎包右肩背；

遇到抢劫速报警，警方助你抓现行。

三、如何防范飞车抢劫

飞车抢夺是近年来出现的一种新型犯罪，不法分子一般两人同骑一辆摩托车结伙作案，以金耳环、金项链、手提袋、手机、现金等为主要目标，针对街上行走的女性或老人。

（1）骑自行车外出时，尽量将背包平放在自行车篮筐底部，并将包带在车把上缠绕几周，防止歹徒抢包。

（2）在人行道行走时，不要紧靠机动车道，这不仅是为了自身安全，还可以防止被人飞车抢劫。

（3）钱财不要外露，如不要一边走一边玩手机，手机最好装进口袋里。

（4）警惕停靠在银行、大型商场门口不熄火的摩托车，或者长时间在身旁慢速行驶的骑摩托车的人。

【安全小贴士】

女性防范抢夺的"八大要诀"

贵重物品莫外露，银行取款结伴行；

挎包切忌单肩挎，步行要走人行道；

车轮缠住先取包，生人喊话莫先停；

小巷岔路多留心，路遇抢夺快报警。

四、如何应对抢夺抢劫

（1）若在人员密集区发生抢夺或抢劫，可大声呼救，求得附近群众的帮助或者吓退歹徒。

（2）如果遭遇歹徒，要保持冷静，判断实际情况，看准时机向人员集中的地方快速奔跑，犯罪分子由于心虚，一般不会穷追不舍，从而可有效避免劫案的发生。

（3）若抢夺或抢劫发生在较为偏僻的地方，自身又无力制服歹徒，那么保证生命安全是最重要的。此时，可向歹徒交出部分财物，机智与歹徒周旋，表明自己并无反抗意图，使其放松警惕，看准时机反抗或逃脱。

（4）如果对方是你认识的人，要敢于义正词严地指出这样做是违法行为，并向老师或公安机关报告。如果胆小不敢反抗，或表现出过于懦弱的一面，对方会认为你好欺负，并经常向你要钱要物。

（5）要记住被抢劫的具体时间、地点、不法分子的人数、使用的凶器和交通工具等。如果是汽车，应记住汽车的车型、车牌号、颜色及其他一些较为明显的特征，以便事后能为警方的案件侦破工作提供宝贵的线索，利于案件的快速侦破。

【安全小贴士】

《中华人民共和国刑法》第二百六十七条规定："抢夺公私财物，数额较大的，或者多次抢夺的，处三年以下有期徒刑、拘役或者管制，并处或者单处罚金；数额巨大或者有其他严重情节的，处三年以上十年以下有期徒刑，并处罚金；数额特别巨大或者有其他特别严重情节的，处十年以上有期徒刑或者无期徒刑，并处罚金或者没收财产。携带凶器抢夺的，依照本法第二百六十三条的规定定罪处罚。"

《中华人民共和国刑法》第二百六十三条规定："以暴力、胁迫或者其他方法抢劫公私财物的，处三年以上十年以下有期徒刑，并处罚金；有下列情形之一的，处十年以上有期徒刑、无期徒刑或者死刑，并处罚金或者没收财产：

（1）入户抢劫的；

（2）在公共交通工具上抢劫的；

（3）抢劫银行或者其他金融机构的；

（4）多次抢劫或者抢劫数额巨大的；

（5）抢劫致人重伤、死亡的；

（6）冒充军警人员抢劫的；

（7）持枪抢劫的；

（8）抢劫军用物资或者抢险、救灾、救济物资的。"

拦路抢劫
（四平警事）

五、校园扫黑除恶专项工作

校园黑恶势力对师生危害巨大，影响了学校教育工作的组织落实和学生的健康成长。因此，保持对学校及附近黑恶势力犯罪团伙的严打高压态势，对黑恶势力犯罪予以打击，非常重要。

1. 扫黑除恶工作的重点

（1）侵占学校公用财产的违法犯罪行为；

（2）干扰教育工程项目建设，强占学校土地、强揽工程、围标串标、阻工扰工、强买强卖的黑恶势力；

（3）在学校设备设施、教学器材、生活物资采购等方面强买强卖的黑恶势力；

（4）借学生意外伤害事故干扰教学秩序、阻塞交通、损坏学校财物、威胁师生安全的黑恶势力；

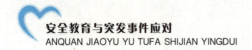
（5）干扰学校正常教学秩序，敲诈勒索，威胁师生安全的"校霸"，寻衅滋事的黑恶势力；

（6）干扰校园周边环境，危害学校财产安全，长期无理缠访的黑恶势力；

（7）体罚、虐待、性骚扰等侵害学生的违法犯罪行为；

（8）面向在校学生非法发放贷款的行为；

（9）学校内部拉帮结派，为所欲为，幕后组织、煽动、策划师生聚众闹事的黑恶势力；

（10）各类非法宗教、邪教活动等违法犯罪行为。

2．扫黑除恶工作的举措

（1）强化组织领导，成立扫黑除恶专项斗争领导小组，下设综合、宣传、协调等多个组别，具体负责扫黑除恶专项斗争工作。

（2）将扫黑除恶工作纳入学校的安全稳定工作、治安综合治理工作，及时发现并主动向公安机关提供违法犯罪线索，积极协助公安机关侦查破案。

（3）向全体教师宣传扫黑除恶的有关法律常识，动员全体教师参与到"打黑除恶"的专项行动中来。

（4）加强对学生的宣传教育，提升思想认识。组织排查、摸底涉黑涉恶势力渗透校园的情况和信息线索，积极配合公安、政法等部门开展取证工作。

（5）坚持多方联动，充分依托公安、政府、家长、教师等多方力量，综合整治和监管校园周边各类矛盾纠纷、违法行为和安全隐患，全力营造良好的校园环境。

【安全小贴士】

《关于开展扫黑除恶专项斗争的通知》是中共中央、国务院于 2018 年 1 月发出的通知。

《通知》指出，为深入贯彻落实党的十九大部署和习近平总书记重要指示精神，保障人民安居乐业、社会安定有序、国家长治久安，进一步巩固党的执政基础，党中央、国务院决定，在全国开展扫黑除恶专项斗争。

 安全互动抢答

（1）当有人敲门时，该如何处理？

（2）如何避免拦路抢劫？

（3）你身边有校园黑恶势力吗？如果有，你会怎么做？

第三节　防范诈骗

案例再现

2014 年 9 月 15 日，南京某高校学生向警方报警，称有个女的在学校招摇撞骗。随后民警赶到学校，将该女子带回派出所调查。原来，这是一名社会人员，却自称学校老师，向大学新生们征订一种英语报刊，后被学生们识破身份。

该女子说，她之所以假冒老师身份，是觉得老师更容易取得新生信任，从而订出更多的报刊。警方看了该女子开给学生的票据，上面写了某种英语报刊的订阅价格，及该报刊提供的增值服务名称，却没有收据人的名字，也没有报社的地址和公章。这意味着，如果学生交了钱，报社不送报纸，学生们也无计可施。

当天，该校还有学生报警，称有校外人员冒充学长向新生推销手机卡，但学生购买后却不能使用。

一般学校刚开学的时候，校园秩序相对混乱，刚入学的新生由于人生地不熟，往往容易让不法分子抓到机会，是校园诈骗案多发时期。学生们尤其是新生一定要提高警惕，注意防范，尤其是遇到陌生人搭讪或推销时，不要轻信。

一探究竟

一、常见的骗子类型

1. 装可怜型

这类骗子往往谎称自己钱包被偷，身无分文，有家不能归，需要一些路费回家。心地善良的学生遇到这种情况，一般都会毫不犹豫地倾囊相助。虽然帮助别人是一种美德，但是同学们一定要擦亮眼睛，提高防范意识和识别骗子的能力。

2. 中奖型

这类骗子通常通过信件、电话、短信、微信或 QQ 等方式通知你"中奖了"，通常数目极大或礼品丰厚，但必须先预付 20％的税金或手续费等才能领取，然后要求你汇款。

3. 招聘陷阱型

有些骗子用虚假广告招聘公关经理或模特等，骗取大笔培训费或摄影费后逃之夭夭；还有的大学生被骗入传销组织。

4. 假冒诈财型

有的骗子直接打电话到学生的家里，佯称其孩子已被绑架或出车祸在医院急需治疗费用，家长可能因为不明真相，再加救子心切，匆忙交钱。所以，学生最好把老师及好朋友的联系方式告诉家长，以备不时之需。另外，学生不要把家庭信息透露给不熟悉的人，在网络注册、购物时也要留意信息安全。

5. 套交情型

在这类骗术中，骗子往往通过盗窃得到学生某位朋友的电话或者 QQ 号，然后通过朋友的身份联系学生，说需要钱解燃眉之急，请求帮助。这类骗子一般不会直接电话联系学生，只是通过短信、微信、QQ 聊天等文字实施骗术，一旦遇到这种求助，最好是直接打电话询问。

6. 售卖欺诈型

在这类骗术中，骗子谎称低价出售某物品，如手机、电脑甚至袜子等，大学生往往被低廉的价格所迷惑。其实，骗子先让你看的是真货，但等你交完钱，骗子给你的却是假货，甚至要赖、恐吓，随后快速逃之夭夭。所以，购物时一定不要给骗子调包的机会，看好的东西不要换手，也尽量不要先交钱。

7. 迷魂药型

有些骗子借问路或请求帮助之际，对受害人释放某种迷魂药，使其中枢神经受到药物的作用，不能理智地控制自己的意识，任凭骗子摆布。所以，当你发现有同学表情或举动怪异，务必前去询问，对他身边的陌生人更要提高警惕。

【安全小贴士】

学生上当受骗的原因是多方面的，主要有以下几种：

1. 思想单纯，防范意识较差

很多学生从小学、中学到大学一直在学校里读书，与社会接触较少，思想单纯，警惕性不高，对一些人或者事缺乏应有的分辨能力，防范意识较差，结果使狡诈、贪婪的诈骗分子有机可乘。

2. 急功近利、贪图小利

贪心是受害者最大的心理弱点。很多诈骗分子之所以屡屡得手，在很大程度上是利用了人们的贪心。受害者往往是被诈骗分子开出的"好处""利益"吸引，这些人见"利"就上，对诈骗分子的所作所为不进行深入分析，不进行调查研究，结果只能落得个"鸡飞蛋打"的结局。

3. 有求于人，轻率行事

每个人都免不了有求于人的时候，能否如愿就要看是何事、对象是谁了。如果不辨青红皂白，为达目的而轻率交友，弄不好就会上当受骗。

4. 因老乡观念而上当受骗

许多大学生特别是新生，离开父母，开始独立生活，遇到同乡人都有一种亲近的感觉。老乡观念在大学生中较为盛行，有的还定期组织老乡会，老乡的交往超出了班级、专业、院系，甚至学校范围。一些骗子趁机利用这一点，把自己打扮成本校或外校的大学生，利用同乡关系（有的纯粹是编造出来的）与大学生进行交往，以获取信任进而骗取钱财。

二、常见的诈骗类型

（1）电话诈骗，声称固定电话欠费，或冒充朋友借钱，冒充公、检、法执法人员等，利用网络电话进行诈骗。

（2）短信诈骗，利用短信发布中奖缴税、银行卡消费、低息贷款或自报银行账号等信息。

（3）丢包诈骗，通过故意遗失物品诱引受害人上当。

（4）封建迷信诈骗，利用"神医"看病、"替你消灾"等名头。

（5）外币诈骗，如利用作废外币或低值外币冒充美元、英镑实施诈骗。

（6）宝物诈骗，指低价转卖假金砖、假银圆、假银元宝、假金佛、假银佛等给受害人。

（7）以出售药品、保健品等为名进行诈骗。

（8）QQ诈骗，如盗取 QQ 号码后，冒充 QQ 主人向好友借钱。

奖助学金
系统升级
（银行、支付宝、淘宝）
虚构中奖
猜猜我是谁　机票改签
家人生病住院　重金求子　PS照片敲诈
冒充房东收租金　提供考题　冒充公检法

电影：巨额来电
（诈骗片段）

【安全小贴士】

电信诈骗是指通过电话、网络和短信方式，编造虚假信息，设置骗局，对受害人实施远程、非接触式诈骗，诱使受害人打款或转账的犯罪行为，通常冒充他人及仿冒各种合法外衣和形式或伪造形式以达到欺骗的目的，如冒充公检法，冒充商家（厂家）、国家机关工作人员、银行工作人员、各类机构工作人员，伪造和冒充招工、刷单、贷款、手机定位、招嫖等各种形式进行诈骗。

2016年12月20日，最高法等三部门发布《关于办理电信网络诈骗等刑事案件适用法律若干问题的意见》再度明确，利用电信网络技术手段实施诈骗，诈骗公私财物价值3000元以上的可判刑，诈骗公私财物价值50万元以上的，最高可判无期徒刑。

（9）购物诈骗，以低价商品为诱饵，诱骗对方缴纳保证金、押金等。

（10）假冒军人诈骗，主要以采购部队所需的餐盘、车辆装修材料、电脑耗材、日用品等为由。

三、如何预防诈骗

（1）大学生首先应树立正确的人生观和价值观，提高自身素质、道德和情操的培养，拒绝金钱、名利的诱惑，不贪图小便宜，不爱慕虚荣，增强抵制诱惑的能力，从而避免深陷受骗的泥潭。

（2）在与陌生人交往的过程中，要认真审查对方的来历，保持清醒的头脑，理智处事，三思而后行。如有必要，找同学、老师或相关人员商量，多听取他人的意见，千万不能粗心大意，马马虎虎。

（3）如果在交往过程中发现对方有可疑之处但又不能确定，不妨与之巧妙周旋，采取一定的谈话策略，旁敲侧击，以便从中发现对方的破绽，来验证自己的揣测。在进一步排查之前，千万不能泄露与自己财物有关的信息给对方。

（4）大学生在各种交往活动中还应把握交往的原则和尺度，克服一些主观上的感觉。例如，不要以貌取人；不要单凭对方的言谈举止、仪表风度、衣着打扮等第一印象而妄下判断，轻信他人；也不能只认头衔、身份和名气，不辨真假，应更多地思考和分析，不要被表面现象所蒙蔽。

（5）有的诈骗分子采取"欲擒故纵"的方法，先兑现曾许诺的利益，让人感到此人所做的事是可信的，待取得他人的信任后，就狠狠地敲诈一笔，使得对方蒙受重大的损失。所以对于陌生人许诺的利益，尤其是一些与现实差距较大的情况，一定要深思熟虑，不要轻易动心、急功近利，不要相信天上会掉馅饼。

（6）持有银行卡的学生在收到陌生人发来的获奖或欠费短信时，应提高警惕，此时可拨打银行的客户服务热线进行核实。

（7）对外要注意保护个人信息，不要轻易向外人透露自己的家庭情况等信息，以免他人利用这些信息向家人诈骗钱财。

四、如何应对诈骗

如果发现自己已经陷入骗局，千万不要惊慌失措，要义正词严地摆明自己的立场，但应避免发生正面冲突，防止对方采取暴力措施。尽快使自己镇定下来很重要，巧妙地与其周旋，使对方放松警惕，脱离对方的控制之后再想办法挽回损失。

如果诈骗分子已经得手逃跑，应尽快向有关部门报案，避免自怨自艾，贻误破案时机。

 安全互动抢答

（1）你遇到过骗子吗？常见的骗子类型有哪些？

（2）结合生活实际，谈谈如何预防诈骗？

第三章

意外事故应对

本章导读

　　意外事故是我们生活中经常发生的事，如果遇到意外事故，学生不会保护自己，后果将不堪设想。近几年，安全事故的教训再次提醒我们，让大学生学会在意外事故中保护自己和救助他人显得尤为重要。大学生有必要了解意外事故发生的原因及预防措施，以及遇到意外事故时的应对方法和技能。

　　大学生应切记，遇到意外发生时，不要惊慌失措，要保持镇静。

知识点睛

　　（1）了解校园里有哪些消防隐患。

　　（2）知道如何使用灭火器及如何在火灾中逃生。

　　（3）了解如何防范溺水事故。

　　（4）知道如何救护溺水者及自救。

　　（5）了解如何预防一氧化碳中毒。

　　（6）知道如何救助一氧化碳中毒者。

　　（7）了解如何预防踩踏事故。

　　（8）知道如何应对踩踏事故。

　　（9）知道遭遇恐怖袭击时怎么办。

第一节 防 火

案例再现

2017年11月12日，某大学男生宿舍楼5层发生火灾，着火后楼内到处弥漫着浓烟，5层的能见度更是不足10米。着火的宿舍楼可容纳学生2000余人，火灾发生时大部分学生都在楼内。所幸消防员及时赶到，千名学生被紧急疏散，此次事故才没有造成人员伤亡。

宿舍最初起火部位为物品摆放架上的接线板，当时该接线板插着两台可充电的台灯。该接线板因电器插头连接不规范且长时间充电，造成电器线路发生短路，爆发出的火花引燃该接线板附近的布帘等可燃物，促使火苗迅速向上蔓延造成火灾。事发后校方对该宿舍楼进行了检查，发现了1300余件违规使用的电器。

从上面的案例可以看出，少数大学生思想上忽视学校的防火安全制度，法律意识淡薄，造成了火灾事故的发生，危害了公共安全。上述案例中的违纪学生，均已受到学校严厉的纪律处分。

此外，还让人担忧的是，记者随机走访了20名学生，其中有14人表示"不会使用灭火器"，5人表示"知道怎么用"，1人表示"用过"。

一探究竟

一、火灾的分类

火灾根据可燃物的类型和燃烧特性，分为 A、B、C、D、E、F 六大类：

A 类火灾，指固体物质火灾。这种物质通常具有有机物质性质，一般在燃烧时能产生灼热的余烬。如木材、干草、煤炭、棉、毛、麻、纸张、塑料（燃烧后有灰烬）等火灾。

B 类火灾，指液体或可熔化的固体物质火灾。如煤油、柴油、原油、甲醇、乙醇、沥青、石蜡等火灾。

C 类火灾，指气体火灾。如煤气、天然气、甲烷、乙烷、丙烷、氢气等火灾。

D 类火灾，指金属火灾。如钾、钠、镁、钛、锆、锂、铝镁合金等火灾。

E 类火灾，指带电火灾。如物体带电燃烧的火灾。

F 类火灾，指烹饪器具内的烹饪物（如动植物油脂）火灾。

二、校园里有哪些消防隐患

1. 在宿舍抽烟

宿舍空间较小，物品摆放密集，有的学生乱放燃着的香烟或乱丢烟蒂都很容易引起火灾；躺在床上抽烟也很容易烧着衣服、床铺等。

2. 在宿舍违规使用电器

有的学生在宿舍使用"热得快"、电炉子、电热毯、电饭煲等违规电器。这些电器之所以被禁止，一是因为学生宿舍电力负荷小，承受不了大功率电器；二是因为学生生活经验不足，往往会忘记拔掉插销，造成电器过热而引发火灾。

3. 在宿舍违章使用明火

有的学生在宿舍内点蜡烛、蚊香等，或在宿舍楼道内焚烧东西，这些行为很容易引起火灾。

4. 实验时违章操作

有的学生在实验时图省事，或者由于大意，没有按照规定的要求去做，造成实验事故，引起火灾。特别是在化学实验中，一些化学药品属于易燃易爆物品，操作不当就会爆炸，引起火灾。

5. 树林草坪违章用火

如在树林草坪吸烟、玩火、野炊、烧荒等，都有可能引发火灾。因为树林下有较多的落叶、枯草，一遇火种，极易引发火灾。

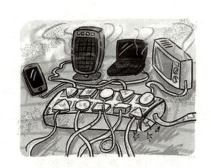

6. 其他不安全的行为

例如，有的学生在台灯上久放纸张、布匹等易燃物品，造成台灯过热从而引起遮盖物着火；有的学生在一个接线板上同时使用多个插头，造成电量负荷过高、接线板发热，进而引发电路起火等；还有的学生违章乱拉临时线路，也容易引起火灾。

【安全小贴士】

火灾中最大的"杀手"并非大火本身，而是由大火产生的大量有毒烟雾（其主要成分是一氧化碳）。当空气中的一氧化碳含量为 1‰ 时，人呼吸数次后就会昏迷，1～2 分钟便可引起死亡。

三、如何使用灭火器

火灾发生时，要及时拨打 119 火警电话，然后寻找周围的灭火器，使用灭火器灭火。灭火器有不同的种类，使用方法也略有不同，其具体使用方法一般会绘制在瓶体之上，使用前应注意查看。下面介绍一般灭火器的使用方法：

（1）使用前要将灭火器瓶体颠倒几次，使瓶内干粉松动。

（2）除掉灭火器上方的铅封，拔掉安全栓。

（3）一手握着喷管，一手提着压把；对于无管灭火器，一手端住瓶底。

（4）在距火焰两米的地方，用力压下压把，拿着喷管左右摇摆，喷射干粉覆盖燃烧区，直至火焰全部熄灭。

各类型灭火器的用途及使用方法

灭火器
FIRE EXTINGUISHER

使用方法 （普通，油，电器火灾用）

1.拔出安全栓　　2.对准火焰根部　　3.挤压手柄喷射

【安全小贴士】

灭火器的种类

（1）干粉式灭火器：干粉灭火器使用方便、有效期长，一般家庭使用的灭火器都是这一类型。它适用于扑救各种易燃、可燃液体和气体火灾，以及电器设备火灾。

（2）泡沫式灭火器：泡沫灭火器适用于扑救各种油类火灾和木材、纤维、橡胶等固体可燃物火灾。

（3）二氧化碳灭火器：二氧化碳灭火器灭火性能高、毒性低、腐蚀性小、灭火后不留痕迹，使用比较方便。它适用于扑救各种易燃、可燃液体和可燃气体火灾，还可扑救仪器仪表、图书档案和低压电器设备，以及600伏以下的电器初起火灾。

干粉式灭火器　　　泡沫式灭火器　　　二氧化碳灭火器

使用灭火器注意事项如下：

（1）灭火时，人应站在上风处。

（2）不要将灭火器的盖与底端对着人体，防止盖、底弹出伤人。

（3）不要与水喷射在一起，以免影响灭火效果。

（4）扑灭电器火灾时，应先切断电源，防止人员触电。

（5）持喷管的手应握在胶质喷管处，防止冻伤。

（6）禁止对着人体直接喷射，尤其是面部，否则后果会很严重。

四、如何在火灾中逃生

初起火灾最容易扑灭，若能及时扑救，火势不会再扩大。当火灾初起时，现场只有一个人或少数人时，不能见火就跑，应立即向学校保卫部门报告或呼救，在确保安全的前提下利用周围的消防器材和灭火工具、物品等积极进行扑救。

在火灾短时间未能扑灭，而且火势增大时，要在保护好自身安全的同时，立即拨打"119"火警电话报警，并要冷静思考，迅速采取逃生措施。

火灾逃生

（1）在开房门之前，一定要先摸摸门锁温度。如果门锁不烫手，说明大火还没过来，在这种情况下，才可以打开门查看外面的情况。开门的时候，要用一只脚抵住门的下框，防止热浪把房门冲开。在确认大火目前未对自己构成威胁后，再尽快逃出火场。

（2）如果门锁很烫手，或者浓烟已经从门缝钻进来，说明房门出口已经被火封死。这时千万不要开门，而应待在宿舍，用湿毛巾、湿被子等堵住门缝，往门上泼水降温，关掉电源，并迅速报警。

（3）在房间内，要蹲在靠窗户的墙角处，以免房屋倒塌时砸伤自己，也方便救援人员第一时间找到你。千万不要站在房子中

间，也不要钻入床底、衣柜、阁楼等地方。因为这些都是火灾现场中最危险的地方，而且又不易被消防人员发觉，难以及时获得营救。

（4）如果房间在二三层，在安全通道已被堵而救援人员不能及时赶到的情况下，可以利用身边的绳索，或利用床单、窗帘、衣服等自制简易的救生绳，并用水打湿，然后从窗台或阳台沿绳缓慢滑到下面楼层或地面，安全逃生。

（5）如果所处楼层较高，最好不要冒险往外跳，因为此方式生还的概率很小。要尽量选择比较安全的地方避险，等待救援人员的到来。如果来得及可以拿上水盆躲到厕所或水房，把门关好，不时用水盆接水，往门上泼水，往自己身上浇水。

（6）在通过浓烟区时，最好能弄湿衣物或棉被来包住头，用湿毛巾等掩住口鼻，尽量减少身体的裸露面积。撤离时，应使身体尽量贴近地面，弯腰快跑。

（7）逃生时应选择安全出口，而不要进入电梯。在火灾发生时，电梯的供电系统随时会断电，电梯也会因热的作用变形而无法运行，又由于电梯井如同贯通的烟囱般直通各楼层，会使在电梯内的人被浓烟毒气熏呛而窒息。

（8）如果身上已经着火，千万不要带火奔跑。要设法脱掉衣服，或就地打滚，或用厚衣服压灭火苗，或跳进水里，或叫别人往身上浇水。

（9）火灾撤离时，学生们要听从指挥，互相帮助，共同逃生，切勿盲目拥挤、互相推搡，使场面混乱，这样很容易发生踩踏事件。

【安全小贴士】

火灾初起扑救逃生 36 句口诀

多学知识，熟悉环境；了解器材，认识标志。

发现火情，沉着镇定；大声呼救，及时报警。

扑灭火源，争分夺秒；不恋财物，生命第一。

灭火器材，分类选择；家庭灭火，工具多样。

电器火灾，断电第一；水是导体，切莫使用。

燃气泄漏，先关气源；电器莫用，开窗通气。

房间着火，门窗慎开；不乘电梯，跳楼谨慎。

口捂毛巾，俯身撤离；紧急出口，切莫拥堵。

火势凶猛，撤退求援；救助有方，逃生顺利。

安全互动抢答

（1）面对校园消防隐患，你应该注意什么？

（2）灭火器有哪些类型？如何正确使用灭火器？

（3）如何在火灾中逃生？

第二节　防溺水

案例再现

2018 年 6 月 1 日晚 7 点多，邯郸市发生一起大学生溺水事件，5 人落水，其中 3 人抢救无效死亡。

据目击者称，事件发生在邯郸市光明南桥附近的一个烧烤摊。事发前，5 名男生和 3 名女生在该烧烤摊就餐。其中一男生不慎落入摊位边的河中，其他 4 名男生相继跳水施救。随后两名男生爬上来，而另外两名男生和被救者却被水流冲走。据悉，出事的滏阳河并不宽，河面看似也很平静，但是由于附近建有像皮坝这样的水利设施，出事河段水很深，水下暗流漩涡也很复杂。

学生溺水事件经常发生，伤亡人数远远超过人们的想象。为了减少此类悲剧的发生，同学们应提高相关安全意识，并积极学习溺水后如何自救和救人的安全知识。

一探究竟

一、如何防范溺水事故

（1）留意警告牌，不要在禁止游泳的地方游泳。

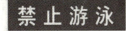

（2）跳水前一定要先弄清楚水中情况，不要贸然地跳水，必须先确认水深至少有 3 米，并且水下没有杂草、岩石或其他障碍物。

（3）下水时避免太饿或过饱，这些都有可能引起抽筋；下水前先试试水温，太冷会对身体造成损害。如水温太低应先在浅水处用水淋洗身体，待适应水温后再下水游泳。

（4）下水后不要互相打闹，以免呛水或溺水。

（5）在海边游泳时应沿海岸线平行方向游，不要离开浅水区太远，并且最好事先选定岸上某个景物或建筑物作为标记，以随时提醒自己不要游得太远。

（6）游泳时应有同伴，一旦发生紧急情况，可以相互帮助或呼喊、打电话请求援救。

（7）走在河边、湖边要小心，因为岸边又湿又滑，很容易踩踏跌入水中；不要独自去水深的地方钓鱼，最好有同伴陪同。

（8）在游泳中如果突然觉得身体不舒服，如眩晕、恶心、心慌、气短等，应立即上岸休息或呼救。

【安全小贴士】

防溺水安全"六不准"

1. 不私自下水游泳。

2. 不擅自与他人结伴游泳。

3. 不在无家长或教师带领的情况下游泳。

4. 不到无安全设施、无救援人员的水域游泳。

5. 不到不熟悉的水域游泳。

6. 不熟悉水性的学生不擅自下水施救。

二、如何救护溺水者

溺水急救

（1）发现有人溺水时，要马上想办法救人。如果救生员就在附近，应请他下去救人。不会游泳或游泳水平有限的人不要贸然下水，应大声呼救并观察周围环境，找出救助方法，及时拨打110、119、120等急救电话。

（2）如果有条件，可以划船前去救助，但要提防撞伤溺水者，且要注意从船尾把溺水者拖到船上，以免翻船。

（3）如果下水救人的话，一定要从溺水者的背部游过去，从背后抓住其胳膊，并将胳膊翻到背后，使其仰面朝上，头部夹在救护者腋下，然后尽可能用单臂侧泳将其带到岸边。如被溺水者抱住，不要相互拖拉，应放手自沉，使溺水者松开手，再进行救护。

（4）将溺水者救到岸上后，迅速清除其口、鼻中的污泥、杂草及分泌物，并拉出舌头，以避免堵塞呼吸道，然后将溺水者的腹部架高，使其胸和头部下垂，或抱其双腿将腹部放在急救者肩部，做走动动作，以使其呼吸道内的积水自然流出。但不要因为控水而耽误了进行心肺复苏的时间。

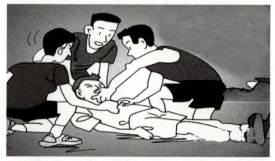

（5）若是溺水者已昏迷，呼吸很弱或停止呼吸，做完上述处理后，要进行人工呼吸：让溺水者仰卧，救护者一只手捏住溺水者的鼻子，另一只手托着他的下颚，吸一口气，然后嘴对嘴将气吹入，吹完一口气后，离开溺水者的嘴，同时松开捏鼻子的手，并用手压一下溺水者的胸部，帮助他呼气。这样有规律地反复进行，每分钟约做12～16次，开始时可稍慢，后面适当加快。

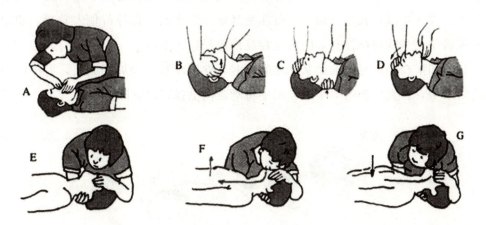

（6）对于短时间抢救却不能恢复者，应边抢救边护送其到医院做进一步抢救。

【安全小贴士】

对于溺水，一些错误的认识和流言，在一定程度上导致了悲剧的发生。

误区一：会游泳就不会溺水

真相：很多溺水身亡者都是会游泳的，很多人甚至"水性很好"。

误区二：溺水后都会大声呼喊

真相：很多溺水者消失都是"悄无声息"的，溺水的人往往想呼喊却发不出声音，特别是孩子。有的孩子在泳池中溺水，看起来却像是趴着，或者站在水中发愣。

误区三：手拉手就能把溺水的人救上来

真相：方式不当会导致更多人溺水。

误区四：溺水不超过1小时就能救活

真相：从临床经验来看，如果在5分钟内对溺水患者进行及时有效的救治，溺水者生还的比例可高达50%以上；6分钟后，死亡率则直线上升；10分钟以上的，脑死亡概率达到100%，即使抢救过来，也是植物人状态。

三、如何在溺水时自救

（1）落水后不要慌张，一定要保持头脑清醒，要高声呼救，尽量少动，避免浪费体力；有能力时要先寻找可以攀爬之物。

（2）冷静地采取头顶向后的姿势，口向上方，将口、鼻露出水面，此时就能进行呼吸。呼气要浅，吸气宜深，尽可能使身体浮于水面，以等待他人救援。切记千万不能将手上举或拼命挣扎，因为这样反而容易使人下沉。

（3）如果在水中突然抽筋又无法靠岸时，立即求救。如周围无人，可深吸一口气潜入水中，伸直抽筋的那条腿，用手将脚趾向上扳，以解除抽筋。

安全互动抢答

（1）你会游泳吗？你知道如何避免溺水事故吗？

（2）发现溺水者时便立即跳水救人，这样的做法是否正确？

第三节　防一氧化碳中毒

案例再现

2013年2月某日上午，在北京市朝阳区樱花东街一居民出租房内，来自哈尔滨医科大学的5名在京实习学生被发现燃气中毒，不幸身亡。

据了解，5名死者均为男性，其中部分在中日友好医院物理康复科实习，部分在朝阳医院实习。5名死者与另外1名同学一起合租房子，事发当晚，这名同学并未返回屋内睡觉。次日早晨，这名同学发现室友没有来医院，于是他先后打电话联系几名室友，但都没能接通。他赶回出租房内才发现异常，并寻求邻居帮忙。

5人居住的房屋是老式塔楼。警方勘验记录显示，出租房内使用的是燃气热水器，该热水器排气管连接处两侧各发现一处长1厘米的破损，且热水器热水管的终端连接到马桶进水管。警方认为，马桶冲水时，热水器自动启动、点燃，燃气从排气管的破损处泄漏，导致悲剧发生。

近年来，被煤气中毒夺取生命的事故频频发生。在外租房的学生如何正确地使用燃气热水器洗澡，如何正确地使用煤气或煤炉做饭、取暖，是需要注意的问题。

一探究竟

一、一氧化碳中毒的症状

一氧化碳中毒，俗称煤气中毒，是含碳物质燃烧不完全时的产物经呼吸道吸入引起中毒。

一氧化碳中毒的病人，临床表现主要为缺氧。轻者头痛、无力、眩晕、劳动时呼吸困难；症状加重时，患者口唇呈樱桃红色，可有恶心、呕吐、意识模糊、虚脱或昏迷等症状；重者呈深昏迷，伴有高热、四肢肌张力增强和阵发性或强直性痉挛，可造成死亡。

头痛	恶心	呼吸困难

无力	头昏眼花	失去知觉

二、如何预防一氧化碳中毒

（1）正确使用燃气热水器。要求燃气热水器必须安装在通风良好的环境中，严禁安装在浴室内。燃气热水器的排气管一定要通向室外，并注意检查排气管是否漏气。

（2）防止排气管和煤气灶具漏气。应定期检查排气管，如有裂缝、破损的地方要及时修补好。睡觉前应检查煤气开关是否关好，厨房是否有煤气漏出时特有的臭味。

（3）正确使用煤炉。煤炉一定要安装烟囱，将产生的废气通过管道输出室外。此外，在有煤炉的屋内不要把门窗关得太严，要注意通风换气。

【安全小贴士】

可将肥皂水涂抹在怀疑漏气的地方，如有漏气，被检查处就会冒肥皂泡。千万不要用点火的办法来检查漏气，因为当空气中煤气的含量达 3％～11％时，遇明火就会发生爆炸。

三、如何救助一氧化碳中毒者

（1）当有人一氧化碳中毒时，要把门窗打开，通风换气，并把病人抬到空气新鲜的地方，让病人平躺下，解开其衣扣和裤带，让病人呼吸新鲜空气。

煤气中毒急救

（2）对中毒较轻的病人，可以让他喝些浓茶、鲜萝卜汁或绿豆汤等。对呼吸衰竭或呼吸停止的病人，应当立即进行人工呼吸。中毒严重的要立即拨打 120 急救电话送往医院抢救。

【安全小贴士】

一氧化碳中毒气象指数，是一项为市民提供的全新的气象指数。

一氧化碳中毒气象指数预报只在采暖期发布，时间为每年 11 月 1 日至次年 3 月 31 日，分为 4 个等级，气象部门会根据不同等级向市民提出注意事项及防护措施。

安全互动抢答

（1）你周围发生过一氧化碳中毒的事故吗？如何预防一氧化碳中毒？

（2）如何救助一氧化碳中毒者？

第四节　应对踩踏

案例再现

2014 年 12 月 31 日 23 时 35 分，正值跨年夜活动，因很多游客、市民聚集在上海外滩迎接新年，上海市黄浦区外滩陈毅广场东南角通往黄浦江观景平台的人行通道阶梯处底部有人失衡跌倒，继而引发多人摔倒、叠压，致使拥挤踩踏事件发生，造成 36 人死亡、49 人受伤。

多名目击者称，晚 11 时左右，陈毅广场挤满了人，许多人被挤得无法挪动，甚至脚跟离地，不能站直，但仍有一小股人流在移动，个别年轻男游客有推挤动作。晚 11 时 35 分左右，惨剧发生了。

当时在场的一名大学生回忆："就在眨眼之间，人群就被压得一动不动，周围都是哭喊声、叫嚷声。"

据另一名目击者回忆："当时不知道谁喊了几声，然后台阶上就有几个年轻人起哄拥挤。本来台阶上就挤满了人，平台上的人想下来，下面马路上的人想上去，我们被挤在当中。很快就有女孩子摔倒、尖叫，然后人就一层层地倒了下去。"

据医院方面称，伤员的症状主要是胸部肋骨骨折引起的创伤性窒息，以及腰背部软组织挫伤等。

一探究竟

一、如何预防踩踏事故

踩踏事故一般是在某个活动过程中，因聚集在某处的人群过度拥挤，造成无法及时制止的混乱而引起的。一旦发生踩踏事故，后果往往很严重。那么，如何预防踩踏事故呢？

（1）服从活动现场管理。在大型集体活动中，举办方都要安排专业人员协调现场的秩序，参与人员要服从安排，避免引起混乱。

（2）举止文明，人多拥挤的时候不推搡、不起哄、不制造紧张或恐慌气氛。发现不文明的行为要敢于劝说和制止。

（3）远离危险区域，尽量避免到拥挤的人群中，不得已时，尽量走在人流的边缘。

（4）陷入拥挤的人流时，一定要先站稳，身体不要倾斜失去重心，即使鞋子被踩掉，也不要贸然弯腰提鞋或系鞋带。有可能的话，尽快抓住坚固可靠的东西慢慢走动或停住。

【安全小贴士】

踩踏事故预防口诀

1. 别凑热闹——人多处 靠边站 别起哄

去人多聚集的地方应保持平静，不制造紧张或恐慌氛围。看演唱会之类时，选择靠边的位置利于快速撤离。人群涌来时，不要去看发生了什么事。

2. 牢记出口——出入口 先看好 撤得快

入住酒店、去商场购物、观看体育竞赛时，务必留意疏散通道、灭火设施、紧急出口及楼梯方位等，以便关键时刻能尽快逃离现场。

3. 踩踏信号——被推了 转向了 有尖叫

发生踩踏最分明的标志是，人流速度忽然发生了改变，并发生了方向转变。忽然感觉"被推了一下"，或者听到莫名尖叫时也要特别警觉，踩踏可能已经发生。

二、如何应对踩踏事故

如果被卷进混乱的人群，首先要保持镇定，并根据实际情况采取一些自救措施。

（1）一旦发生骚乱，切勿盲目地跟随人多的流向，应尽量向人少的地方躲避。

（2）应迅速寻找安全出口，听从现场治安人员指挥，依次疏散，不要慌乱拥挤。

（3）若发现慌乱的人群朝自己的方向挤过来，不要逆着人流行动，应快速躲避到一旁，或者靠在附近墙角，等人群过去后再离开。

（4）如果已身陷拥挤的人群中又无法脱身，不要拼命推搡，要将双肘适当撑开，平放于胸前，形成一定的空间，从而保证呼吸顺畅，也避免内脏受到挤压。在保护自己的同时也要尽量保护身边的人，避免有人跌倒引起更大的混乱。

（5）要远离如玻璃幕墙之类相对脆弱的设施，以免被扎伤或砸伤。

（6）万一被人群挤倒爬不起来，不要惊慌，迅速收腿抱头蜷缩成球状，护住头部、腹部等重要部位，最大限度地保护身体不受伤害。

【安全小贴士】

跌倒后应按以下动作保护自己：

1. 双手十指交叉相扣，护住后脑和后颈部。

2. 两肘向前，护住双侧太阳穴。

3. 双膝尽量前屈，护住胸腔和腹腔的重要脏器。

4. 侧躺在地。

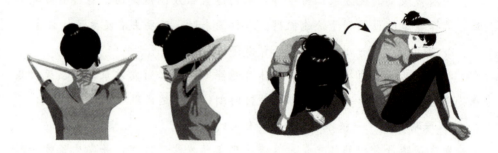

安全互动抢答

（1）谈谈你对上海外滩踩踏事故的感受。

（2）当踩踏事故发生时，如何正确地应对？

第五节　应对恐怖袭击

案例再现

2014年3月1日晚9时20分，十余名统一着装的暴徒蒙面持刀在云南昆明火车站广场、售票厅等处砍杀无辜群众，造成28人遇难、130余人受伤。事发现场的证据表明，这是一起严重的暴力恐怖袭击事件。

据现场某被害人描述："看到许多统一穿黑衣服的蒙面人，那些人见人就砍。迎面走来一个二十来岁的男子，这个人穿普通衣服，所有人都在跑，他却在走，走过来就从衣服里面抽出一把40多厘米的长刀，我下意识跳了一步，侧开身，胸口被砍了一刀，然后我继续跑，尽量往人少的地方跑，逃进了一个警亭；现场人到处跑，很多人跑过去被砍一刀，跑过来又被砍一刀，地上躺了很多人。"

昆明"3.01"严重暴力恐怖袭击事件反映出，我们生活的社会并不是一个绝对安全的社会，同学们要提高安全意识和自我保护意识。

9·11恐怖袭击事件

一探究竟

　　恐怖袭击是指极端分子人为制造的针对但不仅限于平民及民用设施的不符合国际道义的攻击方式。恐怖袭击明显地直接影响人类生活，也持久地影响国际政治、公民自由和经济。

一、恐怖袭击的常见手段

　　恐怖组织和分子使用一定数量的武器或采用一些战术，引起人们的恐惧和迫使政府向恐怖分子屈服。这些战术包括抢劫、刺杀、临时爆炸装置（如路旁炸弹）、生物和化学武器、自杀性炸弹和绑架。

> **【安全小贴士】**
>
> 　　恐怖袭击的常见手段：爆炸、枪击、劫持、纵火等。
>
> 　　恐怖袭击的非常见手段：核辐射袭击、生物化学恐怖袭击、网络恐怖袭击等。

二、遭遇恐怖袭击时怎么办

　　（1）当发觉附近有恐怖袭击时最好的办法是果断撤离，在撤离过程中不需要征得他人同意，也不要在意丢下的物品，毕竟生命是最重要的。在可能的情况下，也要帮助别人撤离，并阻止他人进入危险区域。脱离险境后马上报警。

　　（2）如果无法撤离，找个地方隐藏起来。隐藏的地方应该超出恐怖分子的视线和攻击范围，并且最好不会限制自己必要的移动。

　　（3）如果有生命危险，采用的最后手段就是奋起搏斗，使用临时武器主动进攻，让恐怖分子丧失抵抗能力。

　　（4）当执法者到达时，他们首先要做的是阻止恐怖分子行凶，这时要保持镇定并遵从指挥，放下任何物体并保持双手一直可见，以免被误伤。

三、当被恐怖分子劫持时怎么办

　　（1）遭到劫持后，切忌意气用事，不要依靠个人力量硬拼。要保持冷静，保持对恐怖分子的顺从，尽量节省体力和精力，因为这类事件解决起来很有可能会需要大量时间，事件进展也难以预测，但要坚定被营救的信心。

（2）不对视，不对话，趴在地上，动作要缓慢，避免刺激到恐怖分子，以求自保。

（3）被劫持后不要把老人、小孩、妇女放在人质队伍的前面。企图以此方式换取恐怖分子的同情是十分幼稚的，这样只会助长其嚣张气焰，使他们行事更加肆无忌惮。

（4）尽可能保留和隐藏自己的通信工具，及时把手机调为静音，适时以短信等方式向警方（110）求救。短信的主要内容包括自己的所在位置、人质人数、恐怖分子人数等。

（5）在警方发起突击的时候，尽可能趴在地上，看准时机，在警方的掩护下脱离现场。

【安全小贴士】

《中华人民共和国反恐怖主义法》为了防范和惩治恐怖活动，加强反恐怖主义工作，维护国家安全、公共安全和人民生命财产安全，根据宪法制定。由中华人民共和国主席于 2015 年 12 月 27 日发布，2016 年 1 月 1 日起施行。

第一章第二条规定："国家反对一切形式的恐怖主义，依法取缔恐怖活动组织，对任何组织、策划、准备实施、实施恐怖活动，宣扬恐怖主义，煽动实施恐怖活动，组织、领导、参加恐怖活动组织，为恐怖活动提供帮助的，依法追究法律责任。国家不向任何恐怖活动组织和人员作出妥协，不向任何恐怖活动人员提供庇护或者给予难民地位。"

 安全互动抢答

（1）当遭遇恐怖袭击时怎么办？

（2）当被恐怖分子劫持时怎么办？

第四章

外出及旅行安全

 **本章导读**

　　当今，外出旅游已经成了一种时尚。但大学生外出旅行中的交通安全事故频发，这是因为当前大学生的安全意识普遍不强。为有效地防范大学生交通事故的发生，应采取如下措施：一是加强交通法规的宣传教育，提高大学生的交通法制观念。学校要采取多种形式，大力宣传《中华人民共和国道路交通管理条例》等法律法规，通过交通法规的宣传教育，使广大学生了解在交通活动中，可以做什么，不能做什么，自觉养成遵守交通法规的良好习惯，避免交通事故的发生。二是积极开展交通安全周或交通安全月活动，从而使广大学生牢固树立起"安全第一、预防为主"的交通方针。通过交通安全教育，使广大学生相应地建立五个意识，即红绿灯意识、停车线意识、斑马线意识、靠右行意识、路权意识。形成人人自觉遵守交通法规的局面。

　　另外，大学生在外出旅游中，也要注意除交通安全以外的其他安全问题。

 知识点睛

　　（1）知道行路时、乘坐出租车和公共交通工具时应注意什么。

　　（2）知道旅游时应注意什么。

　　（3）知道户外运动时应注意什么。

第一节 交通安全

案例再现

2014年10月28日，济南市市中区警方接到一名北京大学生打来的报警电话。报警人称其女同学金某在济南因乘坐"黑车"被人绑架，请求警方帮助。

据报警人张某称，当天早晨收到一条陌生号码发来的短信，短信中其同学金某称自己被人绑架了。具体位置金某说不清楚，只知道大概是在济南市一个叫"龙庄"的地方，金某是趁绑架自己的男子不注意时使用其手机发出的求救信息。

警方的排查在七贤派出所辖区各个村庄迅速展开。120分钟后，民警发现并控制住了犯罪嫌疑人代某，同时立刻将受害人金某送往医院。

经审讯，犯罪嫌疑人交代：10月21日晚7时许，他在济南火车站转悠时，遇见刚下火车的受害人金某，随即与其搭讪。得知金某要去济南火车西站转车去北京后，他立即表示可送金某去，并谈妥车费。之后他发现金某是一个人出门，便将受害人带至自己在双龙庄的住处，对其实施了捆绑、堵嘴、殴打、强奸，其间多次对金某实施性虐待。

事后，相关专家呼吁："我们很多人，尤其包括年轻大学生和一些年轻女性，在出行过程中应有一种警觉意识。"

一探究竟

一、行人交通安全常识

（1）要走人行道，没有人行道的靠路边行走。

（2）横过车行道，要按指示标志走人行横道。

（3）有交通信号控制的人行道，应做到红灯停、绿灯行；没有交通信号控制的，须注意车辆，不要追逐猛跑；有人行过街天桥或地道的须走人行过街天桥或地道。

（4）横过没有人行道的车行道，须看清情况，让车辆先行，不要在车辆临近时突然横穿。

（5）横过没有人行道的道路时须直行通过，不要图方便走捷径，或在车前车后乱穿马路。

（6）不要在道路上强行拦车、追车、扒车或抛物击车。

（7）不要在道路上玩耍、坐卧或进行其他妨碍交通的行为。

（8）不要钻越、跨越人行护栏或道路隔离设施。

（9）不要进入高速公路、高架道路或者有人行隔离设施的机动车专用道。

（10）不要擅自进入交通管制区。

二、骑行安全常识

（1）在非机动车车道或自行车专用车道内顺序行驶，严禁驶入机动车道。

（2）骑车至路口，应主动让机动车先行。

（3）骑车转弯时，要伸手示意。

（4）骑自行车不准在道路上互相追逐、曲折竞驶、扶身并行。

（5）不准一手扶把，一手撑伞骑车。

（6）夜间骑车更要严格遵守"右侧通行""各行其道"的原则。

（7）要按规定停放车辆。

（8）要听从交警指挥，服从管理。

三、乘坐出租车、网约车的注意事项

网约车是网络预约出租汽车的简称。在构建多样化服务体系方面，将出租车分为巡游出租汽车和网络预约出租汽车。

（1）不要乘坐无运营许可证的"黑车"，尤其女生要牢记这一条。

（2）不要与陌生人拼车，深夜最好结伴而行。

（3）上车后要告诉家人或朋友车牌号，尤其是搭乘网约顺风车。

（4）单独坐车，最好不要坐副驾驶，更不要睡觉、玩手机（尤其是女生），最好坐在后排，并留心观察司机的动态以及驾驶路线。

（5）乘车过程中不要随意对司机攀谈，更不要随意透露个人的信息。

（6）如果遇到司机恶意搭讪或者有不轨行为，要从容应对，不要有语言或是肢体冲突，要冷静、缓和处理，找准机会下车。

（7）下车时按计价器显示的金额付费并索要发票，以便在物品遗忘等情况下联系车主寻找。

四、乘坐公共交通工具的注意事项

（1）乘坐公共汽车或地铁等公共交通工具时，须在站台或指定地点等候，不可在站台下或安全线外候车，待车停稳后排队上车，先下后上；当人多拥挤时，要注意看好自己的财物；下车后不要从车前猛跑，注意来往行人和车辆。

（2）乘坐公共交通工具时不得携带易燃易爆等危险物品。

（3）乘坐地铁、轮船、飞机等交通工具时，如发生停电、起火、故障等意外情况，应听从工作人员指挥，不要因慌乱而加剧局面的混乱。

五、大学生应掌握的驾驶安全常识

（1）开车前要详细检查车况，确保车况良好再上路。

（2）调整好后视镜、座位后，切记系好安全带。

（3）不要无证驾驶，有车的同学也不要将车借给没有驾照的人。

（4）禁止酒驾、醉驾，切记喝酒不开车、开车不喝酒。

（5）禁止超速，这是发生交通事故的最主要原因。

（6）远离"路怒症"，不开赌气车。

（7）不要疲劳驾驶，不得连续驾驶超过 4 小时。

（8）遵守交通规则，尤其不要闯红灯。

【安全小贴士】

　　汽车安全带是公认的最廉价也是最有效的安全装置。在车辆的装备中，很多国家是强制装备安全带的。正确使用安全带能将人固定在车内，防止因车祸导致飞出车外造成伤亡，可以减少车祸死亡率的 80％ 以上。

　　《中华人民共和国道路交通安全法》第五十一条规定："机动车行驶时，驾驶人、乘坐人员应当按规定使用安全带，摩托车驾驶人及乘坐人员应当按规定戴安全头盔。"

安全互动抢答

（1）你了解哪些行人交通安全知识？

（2）你坐过"黑车"吗？以后是否还会坐"黑车"？

（3）乘坐公共汽车或地铁时应注意什么？

（4）你有驾照吗？开车时有哪些不好的习惯？

第二节 旅游及住宿安全

案例再现

李明是东北某大学的学生，放暑假时，他和同学一起到北京旅游，顺道准备参观中关村周围的名牌大学。

李明和同学来到中国人民大学附近，因为携带现金不多，选择入住了一家便宜的宾馆。二人马虎大意没有提前看房，开完票进房间后才发现，房间又小又旧，卫生差得要命，床上的被子乱作一团，地上扔着烟头，垃圾桶中的泡面盒散发着阵阵恶臭。

二人马上要求退房，前台客服人员不给退，蛮不讲理还口出脏话，双方争执不下。最后宾馆虽然给他们退了房，但扣了50元钱。因为人生地不熟，二人忍住了动手的冲动，自认倒霉。

事后二人打电话投诉，12315推给12301，12301推给海淀区一个服务电话，打这个服务电话却一直没人接听，只能作罢。

遇到此等黑心宾馆真让人心寒。事实上，黑心宾馆存在于各部门监管的盲区，乱象丛生，安全隐患极多，因此同学们出行住宿时要多加小心。

一探究竟

一、旅游前应注意什么

（1）在外出旅行前，应了解目的地相关情况，如气候、地理环境，是否存在疫情等，并根据这些情况做好相应的准备。

（2）旅行地点的选择要结合自身的实际情况。例如，患有严重心血管疾病、冠心病、心绞痛、低血压的学生，最好不要去高山或高海拔的地区旅游。

（3）旅游地点尽量选择知名度较高、旅游服务比较成熟的地方，尽量不要选择偏僻的未开发区，从而减少意外情况的发生。

（4）选择合适的旅行社及交通工具。如果选择跟团旅行，最好选择知名度高、信誉好的旅行社；不要选择无运营资格的小旅行社，不要乘坐私人无运营资格的车、船等。

（5）带足相关物品。根据旅行的需要带上充足的物品，如适当的衣物、身份证和其他相关证件、常用应急药物等。

【安全小贴士】

旅游的必备药品

感冒：根据自身状况选择。中药制剂可以应付一般的感冒症状，而且较少有副作用；解热镇痛药可以退热和缓解头痛、关节痛等症状；组胺拮抗剂可以减少打喷嚏和流鼻涕，并有轻微的镇痛作用。

过敏：阿司咪唑适用于过敏性湿疹、过敏性鼻炎、药物或食物过敏。与解热镇痛药同服，可以控制感冒时的鼻塞、流涕、咳嗽等症状。

消化不良：可以选择维生素类、有益菌类的消化药，但不能与抗生素、抑菌剂等合用，或者选择中成药，还可以选用治疗由慢性胃炎等引起的消化不良、恶心、呕吐、胃烧灼感等的药。

腹泻：一般选用小檗碱片治疗肠道细菌感染引起的胃肠炎、腹泻，或者选用中药类丸剂治疗。

细菌感染：可选用广谱抗菌药。腹泻严重时，可以和小檗碱片同时使用。

晕车：可以选用针对乘车、船、飞机等引起的眩晕、呕吐等症状的晕车药。

上火：可以准备牛黄解毒丸或黄连上清丸，可清热解毒，用于咽喉肿痛、牙龈肿痛、耳鸣口疮、大便不通等。

其他：创可贴，用于应付意外受伤；清凉油用于应付蚊虫叮咬、头晕；眼药水用于游泳或泡温泉后，或灰沙入眼；活络油用于跌打损伤，风湿骨痛。

二、在旅游景点应注意什么

（1）尽量了解旅游目的地的风土人情，少数民族地区的风俗习惯，入乡随俗。

（2）旅游期间要听从导游人员的安排，最好不要单独行动。此外，牢记导游人员及同行人员的手机号码，同时也将自己的手机号码留给导游人员，以备不时之需。

（3）不要找"黑导游"。"黑导游"往往集中在景点门口，以极低的价格吸引旅游散客。他们缺乏相关规范的约束，甚至存在很多坑骗游客的行为。

（4）购买土特产时，尽量选择在正规商店购买。旅游景点往往汇聚了大量的商贩，其中难免充斥着不少假货和骗局。

（5）注意自身及财物的安全。不要在陌生人面前露富，不要谈及自己的具体信息。

（6）观光参观时要遵守文物景区（点）的注意事项和有关规定。未经允许，不能随意触摸文物和有关陈列品。大型石雕或摩崖石刻等文物景点一般不许攀登。

（7）一般情况下，珍贵文物或古陵墓内不许拍照，普通文物则可以拍照。摄影时应注意景点区域内的提示标志。

（8）大型博物馆、展览馆人流量较大，应依次按规定路线参观，以免遗漏参观景点造成遗憾。

（9）爱护文物，保护环境，不得破坏景区设施、花木，不能随意丢弃杂物、垃圾。

三、在宾馆住宿时应注意什么

酒店藏针孔摄像头

（1）在出行前，可到一些旅行网站上查看目的地的宾馆分布情况和价格，询问其配套设施和房间的情况，必要时可提前预订。

（2）不要轻易相信火车站或长途车站附近的拉客者，尽量不要选择火车站、长途车站、大型商品批发市场附近的宾馆，这些地方客源复杂，安全隐患较多。

（3）入住时应出示身份证、学生证等，填写住房登记表，并收好押金单据、寄存单、房卡或房门钥匙等。另外，应熟悉酒店的安全门、安全出口、安全楼梯的位置，以便在发生危险时尽快脱险。

（4）进入房间后，首先要查看房间的门窗是否能正常关闭，链锁、插销是否有损坏，如有损坏，应更换房间；入住后，可将所住宾馆或酒店的名称告知家人和朋友；睡觉前应锁好房门，挂上锁链或插上插销。

（5）外出时带好房卡或房门钥匙，贵重物品也应随身携带而不要留在房间里。若发现物品被盗，应立即通知总台或报警；将宾馆的联系卡片带在身上，以防迷路。

（6）如误投黑旅店被宰，应注意不要与其发生正面冲突，以免给自己造成人身伤害。收集好相关证据，离开后向旅游管理部门或工商管理部门投诉或报警。

【安全小贴士】

女生独自住酒店的安全常识

1. 选择正规酒店，尤其是保安系统健全的酒店。
2. 定时跟家人通话，为自己的出行增加一份安全保障。
3. 随身携带钱物房卡等。
4. 必须将门窗锁好。入睡前应仔细检查一遍，确保无误再睡觉。
5. 进入室内先拉好窗帘，避免室外的人看到室内情况。
6. 遇陌生人敲门，先打电话询问前台。
7. 不要在酒店走廊逗留。
8. 尽量选择多人一起乘坐电梯，尽量不要和陌生异性单独乘坐。

安全互动抢答

（1）你在旅游前一般会做哪些准备工作？

（2）遇到黑宾馆时如何解决问题？

第三节　户外运动安全

案例再现

2018年10月1日，国庆节，大连某高校的一名男生没有回家，选择独自爬大黑山。这位同学为这次户外活动备好水壶、背包等登山装备后，于下午3点，按照预先计划好的路线，徒步上山。上山过程中，这位同学决定探索一下人迹较少的小路，便离开主干路来到茂密的树林里，林中没有道路，他只好在树枝野草中开辟通路。

这位同学凭借不错的身手顺利攀爬过几处岩壁，然而他猛然间发现，怎么也无法找到原来预定的上山道路。前方无路，他凭着直觉返身往回走，到了下午5点，依然没有找到正确的道路。他明白自己迷路了，这是很危险的。所幸偏移出的距离不远，手机还有信号，眼看天色黑了下来，他赶紧掏出手机报了警。

110指挥中心接警后，迅速调集辖区的民警及消防队的官兵赶到事发地区组织救援。晚上9点左右，下起了大雨，搜救人员冒雨前行，派出所的民警一边在电话中安慰该同学，一边在崎岖山林中开展地毯式搜寻。在漆黑的山林中，搜索持续到10月2日深夜1点30分，在大黑山南侧一山窝附近，民警发现了被困的学生，此时他已被冻得几乎失去生命。

近年来，登山、越野、探险等户外运动越来越受到同学们的喜爱，但伴随而来的则是频频发生的安全事故。有业内人士分析，导致这些安全事故频发的因素包括组织机构的不专业和责任意识淡薄，以及参与者缺乏自我保护意识和技能等。

一探究竟

一、户外运动应注意什么

（1）要时刻有危险意识。要认真对待户外运动，切忌过于随意或异想天开。

（2）要储备个人体能，调整好身体状态。在户外一旦遇到恶劣的天气，身体里的潜在病症可能会被激发出来，后果不堪设想。

（3）要具备基本、必要的救生和自救技能，如学会使用地图等定位工具。

（4）选择安全、专业的户外装备，同时要选择适合自己的户外运动场地。如果不是专业的"驴友"，不要轻易尝试高山、悬崖等户外运动场地。

（5）要有活动预案，具备完善的后勤保障和联络系统，还应携带活动可能需要的应急设备和药品。

二、如何选择露营地

1. 近　水

近水是营地选择需要考虑的第一要素。应尽量将营地扎在靠近溪流、湖潭、河流边，以方便取水。但不能将营地扎在河滩上，以防暴雨引发的大水冲走营地。

2. 背　风

尤其是在山谷、河滩上，应选择背风的地方扎营。背风扎营还利于用火安全。

3. 远　崖

不能在悬崖下面扎营，这是为了防止有石头等物体滚落下来，造成安全事故。

4. 防　兽

扎营时要仔细观察营地周围是否有野兽的足迹、粪便和巢穴，不要建在多蛇多鼠地带，以防伤人或损坏装备设施。要有驱蚊、虫、蝎药品和防护措施。在营地周围遍撒些草木灰，会有效地防止蛇、蝎、毒虫的侵扰。

5. 防　雷

在雨季或多雷电区，营地绝不能扎在高地上、高树下或比较孤立的平地上，否则容易遭雷击。

三、迷路了怎么办

当我们在陌生的野外游玩时，很可能会迷路，这时不要着急，冷静下来，先辨别大致方向，再慢慢找路。

1. 问　路

野外迷路之后最好能找到有人的地方问路。如果周围没有人的话，再选择其他办法。

2. 寻找正确方向

迷路之后最怕往反方向走，这时可先辨别大致方向，往正确的方向前进。可以根据太阳的方位或者使用指南针辨别方向。

【安全小贴士】

利用太阳分辨方向

日出、日落（东升西落）和中午的太阳可以帮助我们辨别大致的方向，也可以通过观察影子来获取方向信息。将一根标杆（直杆）插在地上，使其与地面垂直，把一块石子放在标杆影子的顶点 A 处；约 10 分钟（或以上），标杆影子的顶点移动到 B 处时再放一块石子，将 A、B 两点连成一条直线，这条直线的指向就是东西方向，其中第一个点 A 点方向为西，B 点方向为东，如图所示。

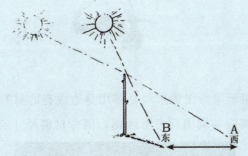

依上述方法测定方向，插杆越高、越细、越垂直于地面，影子移动的距离越长，测出的方向就越准，尤以中午时测量结果最准。

3. 返回原处

如果能记起最后一个自己到过的地方，可以返回原处。不要怕浪费时间，如果不返回可能会浪费更多的时间。

4. 打电话向警察求助

如果天色很晚时还没找到正确的路，需赶紧打 110 求助。

5. 找个安全的地方露营

如果天色很晚，又没有人来救援，最好赶紧找个安全的地方露宿。要找蚊虫少、不易被野外动物袭击的地方。

四、如何使用求救信号

1. 烟火信号

烟火作为联络、定位信号是非常有效的。燃放三堆火焰是国际通用的求救信号，其中将火堆摆成三角形，每堆之间的间隔相等最为有效。如果烟雾只在近地表飘动，可以加大火势，这样暖气流上升势头更猛，会携带烟雾到一定的高度。

2. 反光信号

利用阳光和一个反射镜即可折射出信号光。

3. 旗语信号

将一面旗帜或一块色彩鲜艳的布料系在木棒上，做"8"字形运动。

4. 地对空信号

地对空信号一般用于等待飞机求救，即用身边现有的材料组成国际通用紧急求救信号SOS。信号材料应与周围颜色有区别，信号材料尺寸要大。

视频：SOS信号

【安全小贴士】

户外求救记住这几个单词：

SOS（求救）　　　　　SEND（送出）

DOCTOR（医生）　　　HELP（帮助）

INJURY（受伤）　　　TRAPPED（被困）

LOST（迷失）　　　　 WATER（水）

 安全互动抢答

（1）你参加过户外运动吗？是否知道户外运动的注意事项？

（2）户外运动时迷路了怎么办？

第五章

社交、网络安全

 **本章导读**

社交关系是我们每一个社会人都必须面对的，据有关材料介绍，一个人一生中要用 60% 的时间和精力来处理各种复杂的社交关系。没有良好的社交关系的人，就像陆地上的船，永远也到不了人生的大海。处理好社交关系是非常重要的，它可以减少摩擦、克服内耗、解决矛盾，求得个体和群体相对稳定与和谐的发展。当今时代，网络的迅速发展，使人与人之间的交往显得更加重要。

年轻的大学生作为网络生活的活跃群体，一方面，要提高网络安全意识、不涉足网络犯罪；另一方面，要学习必要的网络与信息安全防护知识，避免自己的计算机成为黑客和不法分子的"肉鸡"，使自己的人身财产等合法权益受损害。

知识点睛

（1）了解哪些是不良的交友习惯。

（2）知道人际交往的原则。

（3）清楚如何建立正确的恋爱观。

（4）知道网络安全应注意什么。

第一节　交友安全

案例再现

大学生网上交友
不慎入传销

漆某是广西某高校电子信息专业的学生。一个偶然的机会，他认识了老乡巫某，由于年龄相仿，两人很聊得来。刚交往时，漆某并不知道巫某不仅吸毒，而且经常盗取他人钱财去购买毒品。当漆某知道巫某吸毒后，不仅没有远离巫某，而且出于好奇，也跟着巫某一起吸食毒品。

由于没有钱购买毒品，2018 年 12 月某日，漆某和巫某进入教师宿舍行窃，偷走了一台笔记本电脑、若干金银首饰、现金和一些重要资料，价值五六千元。几日后，民警根据线索来到漆某居住的出租屋时，漆某和巫某正在房间里吸毒，民警当场将两人抓获。漆某称，之所以协助巫某作案，纯粹出于帮助朋友。

目前，漆某和巫某都已经被刑事拘留，并被强制戒毒。

专家分析，年轻人尤其是离开父母到外地求学的大学生，少有人际交往经验，有些大学生思想还比较幼稚，分不清好坏。分析本案，巫某与漆某的认识，具有一定的目的性。很多犯罪分子都是通过引诱大学生让他们离不开毒品，之后让他们参与犯罪。

一探究竟

一、你有这些不良交友习惯吗

大学生在人际交往中，首先要克服不利于人际交往的心理障碍和不良的交友习惯。

1. 期待太高和过分要求

有的学生对友谊期望过高，希望朋友对自己绝对忠诚，但人的性格和兴趣爱好千差万别，这种心理极其不利于实际的人际交往。

2. 被动消极，自我封闭

有的学生因为性格内向、过去交友失败等原因，把自己封闭起来不接近别的同学。

【安全小贴士】
　一些学生在进入大学后，由于性格内向的原因，在和别人的交往过程中不知所措或无法和别人较好地沟通。许多从没离开过父母的大学生由于不适应集体生活往往走向自闭，有的甚至由于不能处理好同宿舍同学和同班同学的关系，而觉得生活缺乏乐趣。也有一些大学生不善于、不主动与他人交往，内心常感到孤立寂寞，自我心理压力较大；遇事总往坏处想，对自己的能力没有信心或过于自负；对同学和老师的话过于敏感，容易陷入偏执并导致心理疾病，由此常会引发一些安全问题。

3. 处处设防，无端猜疑

在交往时虽然要遵循"防人之心不可无"的原则，但也不能过分抱着防备的心态与人交往，要敞开心扉积极接纳朋友。

4. 太好胜，经常嫉妒他人

这样会让别人无所适从，同时也使自己的心理严重扭曲，导致感情甚至人身受到伤害。

5. 自尊心过强，死要面子

这样吃亏的往往是自己。

二、人际交往有哪些原则

1. 平等原则

人际交往中切不可看不起自己、有自卑心理，更不能趾高气扬、看不起别人。

2. 互利原则

人际交往是一种双向行为，不管是物质的还是精神的，只有单方获得好处是不能长久的。

3. 诚信原则

切忌失信于人，言必信、行必果，才能取得别人的信赖。

4. 宽容原则

人际交往中产生的误解和矛盾，不要斤斤计较，而要谦让大度、克制忍让。只有和朋友互学互补，才能更好地完善自己。

5. 要有底线、要擦亮眼睛的原则

不要轻易相信他人，不要与自私自利的人为友，更不能与违法犯罪分子为友。对违反法律和道德的事情，要坚决予以抵制，切不可同流合污。

【安全小贴士】

大学生因交友不慎，被"朋友"骗吃骗喝、骗钱骗物者有之；帮朋友"分忧解难"，而在有意无意中触犯法律，为"友情"所累者也有之。因此，大学生交友时要慎重。

朋友从相识到相知需要一个逐渐了解的过程，萍水相逢就一见如故、无话不说是非常不明智的做法。大学生需要掌握一定的交友技巧，保持一定警惕，冷静地分析对方的身份、背景以及交友动机，不要为假象所迷惑，让对方左右你的思想。尤其是不要轻信初次见面就自我吹嘘、夸夸其谈和热情过度的人，不要轻率地投入感情、金钱，以防止上当受骗，落入他人设下的陷阱。

近朱者赤，近墨者黑。交一个好朋友会令人终身受益，反之则有可能让人得不偿失，甚至让人误入歧途。因此，交友也要选择那些遵纪守法、品德端正的人作为深入交往的对象，而对那些人格低下、品行不端者要保持距离。同时，要对朋友负责，对于其不良思想或行为，要勇于纠正，不可听之任之，更不能同流合污。

三、如何化解矛盾

大学生人际沟通
能力的现状

化解同学之间矛盾的技巧，只有一种，就是沟通。

（1）要学会倾听。要让对方舒畅地讲话，充分表达他自己的想法，即使自己对他的话有不同的观点和想法，也不要随意打断和反驳，先让对方把话说完。

（2）注意沟通的时机、条件、场合。在开展沟通前，要创设或寻找合适的沟通条件。对于平息矛盾的沟通，可以在没有外人打扰、时间比较宽松的情况下进行。

（3）沟通过程中，要控制好自己的情绪和态度。自己的语言表达中，用词用语要恰当，既要表达自己的想法，也不要过于指责对方。

（4）合理地自责与他责。对于自己不当之处要勇于自责，然后也向对方提出自己的想法，矛盾就比较容易解决。

（5）有必要的时候，可借助其他途径开展沟通，可以请别的朋友转达自己的想法，也可以通过邮箱等方式进行沟通，更容易平息矛盾与冲突。

【心理测试】

人际关系综合诊断

这是一份关于人际关系状况的测试，共有28个问题，每个问题作"是"或"否"两种判断，"是"记1分，"否"记0分，并在记分表中计分。

1. 关于自己的烦恼有口难言。

2. 和陌生人见面感觉不自然。

3. 过分羡慕或嫉妒别人。

4. 与异性交往太少。

5. 对连续不断的交谈感到困难。

6. 在社交场合感到紧张。

7. 时常伤害别人。

8. 与异性来往感觉不自然。

9. 与一大群朋友在一起，常感到孤寂或失落。

10. 极易受窘。

11. 与别人不能和睦相处。

12. 不知道与异性相处如何适可而止。

13. 当不熟悉的人对自己倾诉生平遭遇以求同情时，自己常感到不自在。

14. 担心别人对自己有什么坏印象。

15. 总是尽力使别人赏识自己。

16. 暗自思慕异性。

17. 时常避免表达自己的感受。

18. 对自己的仪表（容貌）缺乏信心。

19. 讨厌某人或被某人所讨厌。

20. 瞧不起异性。

21. 不能专注地倾听。

22. 自己的烦恼无人可倾诉。

23. 受别人排斥。

24. 被异性瞧不起。

25. 不能广泛地听取各种意见、看法。

26. 自己常因受伤害而暗自伤心。

27. 常被别人谈论、愚弄。

28. 与异性交往不知如何更好地相处。

A	题目	1	5	9	13	17	21	25	小计
	分数								
B	题目	2	6	10	14	18	22	26	小计
	分数								
C	题目	3	7	11	15	19	23	27	小计
	分数								
D	题目	4	8	12	16	20	24	28	小计
	分数								
总分									

安全互动抢答

测试结果
（人际关系）

（1）谈谈你交友的原则是什么。

（2）如何通过对方的言谈举止判断其是否值得交往？

第二节　恋爱安全

案例再现

　　无业人员唐某凭借帅气的外表，加上自学的韩语，冒充韩国"富二代"频频在大学中骗财骗色。

　　2019 年 2 月，在湖北某大学中，唐某"碰巧"认识了一名女学生，他自称朴文熙，是该大学国际班的学生，父亲在"大韩航空公司"拥有 50％的股份。利用韩国留学生的虚假身份，唐某很快便骗得该女生的信任。骗财骗色之后唐某立刻消失，并更换了手机号。

　　尝到甜头后，唐某故伎重施，频频作案，短短一个月的时间里唐某又骗了 4 名女生，非法获得了价值九千多元的财物。最终，警方在接到报警后，于 3 月 19 日在大学内将唐某抓获。

　　事后，办案检察官提醒，不少大学生缺乏社会经验，在交友上过于追随潮流，往往给一些不法分子可乘之机，建议大学生们在交友过程中，要多加留心，谨防人身和财产受到损害。

恋爱"诈骗"

网恋陷阱

一探究竟

一、走出大学生恋爱的几个误区

1. 从众行为

有的大学生认为，别人都有了男朋友或女朋友，而自己却没有，说明自己能力不行，所以无论如何也要谈一次恋爱。这样的爱情是很危险的，草率的爱情很难成功，付出的恐怕都要付诸流水。

2. 爱情至上

恋爱中的大学生容易被爱情冲昏头脑，学业和社会工作都抛之脑后。美好的爱情是理智与情感的有机统一，失掉理智的爱情迟早会毁掉双方。

3. 草率性爱

爱情固然是性爱与情爱的统一，但是，过早地接触性爱并不会成为爱情走向美好的催化剂，有时还适得其反。

4. 误把好感当爱情

一些大学生容易将男女之间对异性的吸引、好感等同于爱情。选择恋人，不妨"发乎于情，择之于理"，先相互认识，建立友谊，在此基础上加深了解，再彼此选择能否成为恋人。

5. 追求外表胜过内在修养

有些大学生在择偶时非常注重对方的外表，觉得相貌好才能在朋友中炫耀，自己才有面子。这种只重外表不重内涵的恋爱观，源自攀比心理，是要坚决摒弃的。

6. 恋爱婚姻两回事

有的学生说，大学很漫长，所以找个伴陪伴度过吧。这是极端错误的。美好的

爱情是以心爱的两个人最终一起踏上红地毯，在家人和朋友的祝福下结为夫妻，共同度过人生的风风雨雨为目标的。

二、如何建立正确的恋爱观

1. 正确的恋爱动机

恋爱动机的好坏直接关系到恋爱成功与否，恋爱是寻找志同道合、白头偕老的伴侣，而不是为了一时解闷，寻找刺激。

2. 正确对待恋爱和学业的关系

恋爱是人生的一件大事，但不是全部，大学生应该以学业为重。当然，如果能处理得好，爱情也能和学业、事业起到相互促进的作用。

3. 培养正确对待恋爱的能力

大学生要培养接受求爱、拒绝求爱以及被拒绝的心理承受能力。要敢于用正确的方式向对方表达爱意；如果拒绝别人，语气要果断坚决，也要做到对别人的尊重。

4. 正确对待恋爱挫折

爱情是双向的、相互的，无论对另一方爱得有多深，失恋的一方都应该理智地面对这一现实。对于失恋带来的痛苦，要通过适当的方式进行宣泄，如找朋友倾诉、换个环境等。

【安全小贴士】

为失恋而耽误前程是一生的损失。恋爱无论成功与失败，都是十分正常的现象，失恋不能失志，失恋更不能失德。恋不成，仇相见，采取不道德的手段报复对方，或者进行无休止的纠缠是极不明智的。培养承受失恋的能力就应该学会调节情绪，善于从痛苦中振作起来，把情感转移到更广阔的领域，倾注到对学业的执着追求上来。

5. 不要过于沉迷"白富美"和"富二代"

迷恋"白富美"和"富二代"会让恋爱失去原本的意义，且容易上当受骗。大学生要寻找自己心灵深处真正想要的爱情。

三、恋爱会带来哪些安全问题

1. 婚前性行为

一旦遇到意外怀孕或堕胎等情况，会对双方造成不同程度的压力和影响，尤其是女性，手术时容易发生子宫损伤，可能为此留下严重的后遗症。而且婚前性行为不受法律保护，男女双方彼此并不承受法律责任，因此对待婚前性行为一定要谨慎。

2. 感情纠葛导致意外

由于大学生心理和情感的不成熟，恋爱成功率往往不高，失恋带来的悲伤、痛苦、抑郁等不良情绪会给人造成很大伤害，如果不能及时化解，还会造成严重的心理、生理疾病，甚至造成轻生、伤害他人等严重后果。

【心理测试】

与异性交往的态度测验

在下面各题后面的括号内，你认为正确的填"是"，反之填"否"。

1. 每当和异性交往时便脸红心跳不知所措，不像真实的自己。（　　　）

2. 觉得男女之间并没有什么差异，与异性交往时不太在乎自己的体态和语言，表现很随便。（　　　）

3. （女孩做）认为现在男女平等，所以凡事争先，甚至小事上也当仁不让。（　　　）

3. （男孩做）认为现在男女平等，所以无须为女孩承担一些诸如扫地、抬东西的事情。（　　　）

4. 总觉得自己是异性高不可攀，不屑于和他（她）们打交道。（　　　）

5. （女孩做）认为女性的魅力体现于化妆和衣着，所以对此很感兴趣。（　　　）

5. （男孩做）认为男性的魅力体现于粗犷豪放，所以说粗话、抽烟、喝酒都是魅力的体现。（　　　）

6. 认为现在年龄足够大，可以拥有自己的男朋友（女朋友）。（　　　）

7. 将长相作为是否与异性交往的重要因素。（　　　）

8. 觉得自己相貌平平，所以异性不会喜欢和自己交往。（　　　）

9. 认为男女生之间不存在纯粹的友情。（　　　）

✔ 安全互动抢答

（1）求爱时被对方拒绝怎么办？

（2）恋爱会带来哪些安全问题？

测试结果
（异性交往）

第三节 上网安全

案例再现

2018 年 9 月，安徽某大学校园内发生多起手机被盗案件，当地警方接到报警，迅速控制了犯罪嫌疑人。在事实面前，该犯罪嫌疑人很快供认：他今年 25 岁，校园内的系列手机盗窃案均是其所为。

当民警联系上其家人时，让人意外的是，他的家人在电话中惊讶得不敢相信，"是我家的孩子，退学之后，他这么多年没有联系过家人，家人都以为他在外面遭遇不测了。"

原来，该犯罪嫌疑人几年前还是附近一所重点高校的大学生，因为读书期间沉迷网络游戏，最终导致学业荒废而遭学校劝退。可被劝退后的他仍不反省，也不敢向家人说起，而是继续沉迷于网络游戏，在网吧度日。因无经济来源，他最终走上了盗窃之路。

让人唏嘘的是，几年来，该犯罪嫌疑人除了偷盗便待在网吧，从不联系家人，以至于父母数次寻找无果后认为儿子已在外遭遇不测。"感谢民警，虽然他在外盗窃被抓，但最终还是民警同志帮我们找到儿子。"犯罪嫌疑人的父亲说。

网络在给我们的生活带来便利的同时，也带来一些负面的影响，如何合理、安全地利用网络，是许多年轻人必须要注意的问题。

 一探究竟

一、网上聊天交友应注意什么

（1）在网络世界里，善良与丑恶往往结伴而行。由于受到沟通方式的限制，往往会掩盖很多真相，为一些居心叵测者提供了可乘之机，因此大学生在互联网上聊天时必须谨慎，不要轻易相信他人。

（2）在聊天室或上网交友时，尽量避免使用真实的姓名，不轻易告诉对方自己的电话号码、住址等个人真实信息。

（3）不轻易与网友见面。对于素未谋面且没有深入了解的网友，同学们要保持安全意识，不能轻易见面，不给不怀好意的人以可乘之机。

（4）与网友见面时，要有自己信任的同学或朋友陪伴，约会的地点尽量选择在公共场所，尽量选择在白天，不要选择偏僻、隐蔽的场所，否则一旦发生危险情况，就无法向他人寻求帮助。

（5）在通过网络聊天时，不要轻易点击来历不明的网址链接或来历不明的文件，往往这些链接或文件会携带病毒，造成系统崩溃或各种账号被盗。

（6）警惕网络色情聊天、反动宣传、传销等。网络中不乏好色之徒，言语间充满挑逗，这对不谙男女世事的大学生极具诱惑，但会对大学生的身心造成伤害。也有一些组织或个人利用聊天室进行反动宣传，拉拢、腐蚀大学生，这些都应引起同学们的警惕。

【安全小贴士】

男生在使用QQ等工具聊天时，对一些主动与你聊天的女性网友，要注意对方是否是酒托。所谓酒托，是指酒吧等高消费场所安排服务员上网与人聊天，以交朋友等理由为诱饵，诱骗他人至酒吧消费高价酒水，所谓的"服务员"就是"酒托女"。当消费者结账发现被宰而拒绝付款时，酒吧往往使用暴力或威胁手段迫使消费者付款。

此外，不要进入色情聊天室聊天，这些聊天室往往携带病毒，而且会以各种方式引诱你付款，实际上是一种骗局。

一个网瘾大学生
的心路历程

二、浏览网页时应注意什么

1. 在浏览网页时，尽量选择合法网站

许多非法网站利用学生好奇、歪曲的心理，放置一些不健康甚至是反动的内容，有的还带有病毒，威胁电脑安全。

2. 不要浏览色情网站

色情网站不但带有病毒，而且大学生经常浏览色情网站会给自己的身心健康造成伤害，影响正常的学习生活，甚至走向性犯罪的道路。

3. 在虚拟社区要把握分寸

浏览虚拟社区时，里面有时会有一些带有攻击性的言论，或者反动、迷信的内容。有的同学出于好奇或在网上打抱不平进行留言，容易受到他人的攻击，稍不注意甚至还会触犯法律。

4. 不要参与网络赌博

网络赌博十赌十输，且隐蔽性强、诱惑力大，一旦深陷难以自拔。因此，在校学生一定要提高警惕、仔细甄别、主动远离，避免抵挡不住诱惑成了"待宰的羔羊"，甚至走上了违法犯罪的道路。

三、网上购物应注意什么

（1）选择合法的、信誉度较高的网站交易。网上购物时必须对该网站的信誉度、安全性、付款方式等进行考察，最好不要直接通过银行卡汇款，而是选择货到付款或通过第三方支付平台（如支付宝）付款，防止财产丢失或个人账号、密码被盗。

（2）一些虚拟社区里的销售广告只能作为参考，特别是进行二手货物交易时更要谨慎，不要贪图小便宜。

（3）当网上商店所提供的商品与市价相距甚远或明显不合理时，要小心求证，切勿贸然购买，谨防上当受骗。

四、利用网络犯罪有什么后果

（1）不要随意使用黑客技术攻击各类网站，这样会触犯相关的法律；也可能会引火上身，被他人反跟踪、恶意破坏、报复，得不偿失。

（2）不要存在侥幸心理，以为利用互联网进行违法活动没有人知道。实际上，各地公安机关都设有网警，时刻盯着网民在互联网上的活动，如果同学们利用互联网进行违法活动，其后果必将是法律的严惩。

五、沉迷网络游戏有哪些危害

学生应该合理安排娱乐、学习和生活的关系，坚决拒绝过度沉迷网络游戏。下面谈一下学生沉迷网络游戏的危害。

1. 严重影响学生的身体健康

长时间无节制地玩网络游戏，对学生的身体健康是一种严重的摧残。

> **【安全小贴士】**
>
> 沉迷网络游戏对身体的伤害：长时间看着电脑屏幕，视力会受到极大的损害；长时间保持坐姿，会严重损伤颈椎和腰椎，破坏身体的运动能力和协调性；大脑长期处于高度亢奋状态得不到休息，可能使体内激素水平失衡，导致免疫力下降，甚至猝死。

2. 影响学生正常的学习和生活

一旦沉迷于网络游戏，便会耗费学生大量本应用于学习、休息和课余活动的时间，严重影响正常的学习和生活，造成学习成绩下降，甚至无法毕业。

3. 造成学生的思想道德水平下降，法律意识淡薄

沉迷在网络游戏和虚拟世界里的人，可以任意妄为而不需要承担责任。长此以往，可能造成学生道德缺失、法律意识淡薄、人性扭曲，甚至走上犯罪的道路。

4. 容易造成学生人格异常和心理障碍

沉迷于网络游戏的学生常常陶醉于虚拟的自由、畅快与洒脱中，不愿意面对现实的自我，形成双重人格。当在现实中遭遇挫折，就容易产生心理焦虑和浮躁，情况严重者甚至引发各种心理疾病。

【心理测试】

网络成瘾（IAD）自测量表

请根据你的实际情况，对下列各题做出"是"或"否"的回答。每题回答"是"记1分，回答"否"记0分。将各题得分相加、得出总分。

1. 你是否对网络过于关注（如下网后还想着它）？　　　　　　（　　）
2. 你是否感觉需要不断增加上网时间才能感到满足？　　　　（　　）
3. 你是否难以减少或控制自己对网络的使用？　　　　　　　（　　）
4. 你是否对家人或朋友遮掩自己对网络的着迷程度？　　　　（　　）
5. 你是否将上网作为摆脱烦恼和缓解不良情绪（如紧张、抑郁、无助）的方法？　　　　　　　　　　　　　　　　　　　　　（　　）
6. 当你准备下线或停止使用网络的时候，你是否感到烦躁不安，无所适从？　　　　　　　　　　　　　　　　　　　　　　（　　）
7. 你是否由于上网影响了自己的工作状态或朋友关系？　　　（　　）
8. 你是否常常为上网花很多钱？　　　　　　　　　　　　　（　　）
9. 你上网时间是否经常比预期的要长？　　　　　　　　　　（　　）
10. 是否下网时觉得心情不好，一上网就会来劲头？　　　　（　　）

安全互动抢答

测试结果
（网络成瘾）

（1）你碰到过网络骗子吗？你是如何应对网络骗子的？

（2）利用网络进行违法活动需要承担法律责任吗？

（3）结合你的生活经验，谈谈沉迷网络游戏的危害。

（4）你经常进行网络购物吗？网络购物需要注意什么？

第六章

心理安全

本章导读

　　心理健康是指人在知、情、意、行方面的健康状态，主要包括发育正常的智力、稳定而快乐的情绪、高尚的情感、坚强的意志、良好的性格及和谐的人际关系等。随着市场经济的不断发展，人们的生活节奏加快，竞争加剧，社会对人才的要求提高，这些变化都加重了大学生的心理负担，许多学生失去安全感、稳定感，变得茫然无措，严重的甚至会诱发心理疾病。而在升学的压力下，学校和家长在教育学生的过程中一般比较重视学生的成绩，忽略了全面素质的培养，特别是有些家长采取专制手段，容易造成子女的心理阴影。

知识点睛

　　（1）了解各类影响学生心理问题的因素有哪些。

　　（2）了解学生有哪些常见的心理疾病。

　　（3）学习心理问题应当如何排解。

第一节　心理安全自查

案例再现

2015年3月12日，昆明某大学发生一起持刀伤人案，造成1人遇难、5人受伤。犯罪嫌疑人是该校一名大二学生，事发当日下午，他携带匕首冲进教室进行行凶。经公安机关后期调查，犯罪嫌疑人患有抑郁症。

马加爵事件

近年来，在校大学生伤人、自杀的事件屡见不鲜。2014年12月，山东一名大二男生因患抑郁症跳楼自杀；2015年3月9日，杭州某大学一名男生也跳楼自杀。媒体报道称，跳楼前，该男生情绪悲观，处于自我否定的精神状态。

2014年10月，河南某专家针对某高校新生进行心理健康调查，结果心理问题测出率为13.7％，而在2013年，这一数据为12.4％。中国青少年研究中心调查数据显示，大学生心理行为障碍率占总人数的16％～25.4％。心理健康问题在大学生中越来越普遍和严重。

一探究竟

一、引发大学生心理问题的因素有哪些

近年来，大学生的心理健康问题引起了社会的广泛关注。因心理问题休学、退学的现象时有发生，自杀、凶杀等一些反常或恶性事件不时见诸报端。

引发大学生心理问题的因素主要体现在以下几个方面。

1. 迷茫与困惑

由于大学生对纷繁复杂的社会缺乏了解，并且对社会的认识过于理想化，理想与现实的冲突导致某些同学陷入迷茫，进而引发一些心理疾病。

2. 情绪波动与情感挫折

离开了家乡和父母，有一些学生难以适应校园生活，因此产生了情绪波动。此

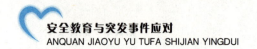
外，开放的校园使性与恋爱成为大学生的重要话题，一些同学自制力差，一旦出现问题就可能走向极端。

3. 学习与就业焦虑

焦虑是大学生中常见的情绪障碍，其中学习焦虑和就业焦虑尤为突出。

【安全小贴士】

　　有的大学生发现自己不再是老师和同学关注的"中心"时，会产生深深的失落感。自信心和失落感的相互交织，导致一些同学产生焦虑情绪。近年来，日趋激烈的就业竞争给在校大学生带来新的压力，也使部分学生处于焦虑之中。

4. 人际关系不适

大学生一方面渴望与人交往，另一方面又对人际交往有一些心理戒备，甚至形成闭锁心理。这种渴望交往与心理闭锁的矛盾，在心理上形成一个悖论，封闭与交往的冲突是当前一些学生产生失落和自卑心理的重要原因之一。

二、大学生有哪些常见的心理疾病

1. 抑郁症

抑郁症是一种以抑郁情绪为突出症状的心理疾病，它以忧郁和厌世的心理特征表现出来，病人有凄凉感、自卑感、持续疲劳感，常唉声叹气，对人对事物失去兴趣。抑郁症严重时，人会有强烈的厌世感，甚至有自杀念头。

【安全小贴士】

　　严重的抑郁症通常需要抗抑郁剂治疗，同时需要配合心理治疗。轻、中度抑郁症通过单纯心理治疗就可以恢复。心理治疗能够帮助病人分析问题的来源，教会他们如何去应对生活中各种诱发抑郁症的事件，以及如何通过自己的行动提高生活满意度。

2. 强迫症

强迫症是以强迫症状为核心的一种心理疾病。病人常有无法自我克制的、重复出现的某种观念、意向和行为，深陷其中而又无法自拔。因此，病人感到非常痛苦和不安。

【安全小贴士】

　　强迫病的临床表现多种多样，一般分为强迫观念和强迫动作。强迫观念是指某些思想或某些想法不断重复出现，明知没有必要，但就是无法摆脱，如强迫回忆、强迫联想、强迫疑虑等；强迫动作则是指病人为了减轻因强迫观念所引起的焦虑，不由自主地采取的各种相应的行为，如强迫性计数、强迫性检查、强迫性洗手等。

　　强迫症的治疗方法主要是心理治疗和药物治疗。

3. 焦虑症

　　焦虑症又称为焦虑性神经症，是神经症这一大类疾病中最常见的一种，以焦虑情绪体验为主要特征。焦虑症的病人具有持久性焦虑、担心、恐惧、紧张、易怒等情绪，常伴有运动性不安和躯体不适感。

【安全小贴士】

　　焦虑症又有急性焦虑症和慢性焦虑症之分。急性焦虑症临床表现为病人在某一急性精神创伤后突然发病，莫名其妙地惊恐、心慌、出汗、面色苍白、两手发抖等。急性焦虑症的发作可以持续几分钟或几个小时。慢性焦虑症临床表现为心悸、烦躁、忧郁等。这种病人易紧张，稍有刺激声和麻烦事，病人就不能忍受，甚至大发脾气，事后能有清醒认知并有后悔感。

　　焦虑症病人通常具有自卑、自信心不足、胆小怕事、谨小慎微等人格特征。

三、心理测试

通过以下心理测试题，测试同学们的心理状况。

（一）你的心理健康吗？

请根据你的实际情况，对下列各题作出"是"或"否"的回答，"是"记 1 分，"否"记 0 分。将各题得分相加、得出总分。

	是	否
1. 每当考试或老师提问时，都会紧张出汗。	☐	☐
2. 会见不熟悉的人，常常会手足无措。	☐	☐
3. 一旦心里紧张时，头脑就会不清醒。	☐	☐

4. 经常因处境艰难而沮丧气馁。 □ □

5. 身体经常会不自觉地发抖。 □ □

6. 经常会因突然的声响而跳起来，全身发抖。 □ □

7. 别人做错了事，自己会感到不安。 □ □

8. 经常做噩梦。 □ □

9. 经常有恐怖的情景浮现在眼前。 □ □

10. 经常会觉得胆怯和害怕。 □ □

11. 常常会突然间出冷汗。 □ □

12. 常常稍不如意，就会怒气冲冲。 □ □

13. 被别人批评时，会暴跳如雷。 □ □

14. 别人请求帮助时，会感到不耐烦。 □ □

15. 做任何事都随意散漫，没有条理。 □ □

16. 你的脾气暴躁焦急。 □ □

17. 一点也不能宽容他人，甚至对自己的朋友也是这样。 □ □

18. 你被别人认为是个很挑剔的人。 □ □

19. 你总是被别人误解。 □ □

20. 做事常常犹豫不决，下不了决心。 □ □

21. 经常把别人交办的事搞错。 □ □

22. 会因不愉快的事一直忧心忡忡，无法解脱。 □ □

23. 有些奇怪的念头总浮现在脑海中，虽知其无聊，但无法摆脱。 □ □

24. 尽管周围人在快乐地玩乐，自己却觉得孤独。 □ □

25. 常常自言自语或独自发笑。 □ □

26. 总觉得父母或朋友对自己缺少爱和关怀。 □ □

27. 你的情绪极不稳定，多愁善感。 □ □

28. 经常有生不如死的想法或感觉。 □ □

29. 半夜里听到声响后往往难以入睡。 □ □

30. 你是一个容易感情冲动的人。 □ □

测试结果
（心理健康）

（二）诺瓦克愤怒量表

阅读下面所列出的 25 种可能让你生气的情景，记录这种情形惹恼或激怒你的程度：0—你几乎不生气；1—你有点恼火；2—你有些愤怒；3—你相当愤怒；4—你非常愤怒。

（　）1. 你打开了刚买的一件设备，插上电却发现它根本就不工作。

（　）2. 你被一名修理人员敲诈，他要挟你。

（　）3. 你被单挑出来改正错误，而其他人的错误行为没有被察觉。

（　）4. 你的车陷进了泥浆或雪窝里。

（　）5. 你正在和某人说话，而他却不搭理你。

（　）6. 有人谎称他们有某种东西，而事实上他们却没有。

（　）7. 在咖啡店，你正费力地端着四杯咖啡，有人撞到了你，咖啡溅了出来。

（　）8. 你已经把衣服挂好了，但是却有人把它们碰到了地上，而且没有捡起来。

（　）9. 从你进店的那一刻起，售货员就一直在跟着你。

（　）10. 你已经安排好和某人一起出去，但是这人却在最后一刻爽约了。

（　）11. 被人开玩笑或被人奚落。

（　）12. 红灯了，你的车停下来，而后面的家伙却不停地冲你按喇叭。

（　）13. 在停车场偶然转错了弯儿，后面有人冲你叫："会不会开车?"

（　）14. 有人犯了错，却拿这件错事责备你。

（　）15. 你正想集中精力，但是你周围的人却在用脚打拍子。

（　）16. 你把某本重要的书或某个重要的工具借给某人，他们却不还给你。

（　）17. 你这一天很忙，舍友却抱怨说，你本来答应做某件事情却忘记做了。

（　）18. 你想和你的同伴讨论某个重要的事情，但是他却不给你表达的机会。

（　）19. 你和某人在讨论，这人坚持要讨论他们所知甚少的话题。

（　）20. 当你和某个人进行讨论时，另外一个人却坚持要进来插话。

（　）21. 你需要赶快到某个地方去，但是你面前的汽车却在 40 公里/小时的区域里以 25 公里/小时的速度往前开，你没法超车。

（　）22. 踩在一块嚼过的口香糖上。

（　）23. 当你路过时，受到了一群人的嘲笑。

（　）24. 匆匆忙忙要去某个地方，结果你一条很好的休闲裤子被剐破了。

（　）25. 你用最后一枚硬币打电话，拨完之后却掉了线，而硬币也没有了。

测试结果
（愤怒量表）

（三）了解自己的抗挫折能力

做一做下面的测试，它能帮助你初步了解自己的抗挫折能力。如果你觉得句子中的描述非常符合计 1 分，有点符合计 2 分，无法确定计 3 分，不太符合计 4 分，很不符合计 5 分。选择时注意你看到题的第一印象，不要思虑太多。

把每题的分数加起来就是最后的得分，依照总分看看自己的抗挫折能力。

1. 我总忘不了自己过去犯的错误。 （　　）

2. 白天学习或工作不顺利，会影响我整个晚上的心情。 （　　）

3. 汽车经过时溅了我一身泥水，我生气一会儿便算了。 （　　）

4. 如果某人擅自动用我的东西，我会气上一段时间。 （　　）

5. 如果不是因为几次倒霉，我一定比现在成功。 （　　）

6. 我想我一定受不了被解雇的羞辱。 （　　）

7. 如果向所喜欢的人表达好感却被拒绝，我一定会精神崩溃。 （　　）

8. 学习落在后面，常使人提不起精神。 （　　）

9. 在我生命中，我已有过失败的教训。 （　　）

10. 我对侮辱很在意。 （　　）

11. 过负债累累的日子，想都不敢想。 （　　）

12. 找不着钥匙会使我整个星期都感到不安。 （　　）

13. 我的生活中，常常有些令人沮丧气馁的日子。 （　　）

14. 如果周末过得不愉快，星期一便很难集中精力学习。 （　　）

15. 我已达到能够不介意大多数事情的程度。 （　　）

16. 想到可能无法按时完成某项重要的任务，会使我不寒而栗。 （　　）

17. 我很少心灰意冷。 （　　）

18. 我很少为昨天发生的事情烦心。 （　　）

19. 偶尔做个失败者，我也能坦然接受。 （　　）

20. 我对他人的恨会维持很长一段时间。 （　　）

 安全互动抢答

测试结果
（抗挫折）

（1）你对大学生活有何看法？

（2）抑郁症有哪些症状？如何治疗抑郁症？

第二节　心理问题排解

案例再现

2015 年，小洁（化名）考入某大学，她本是一个美丽热情的女孩，但就是这样一个充满活力的女孩竟然走上了轻生的道路。

小洁从小在优越的环境中长大，由于家人的格外呵护，从小就有一种"众星捧月""小公主"的感觉，这样的感觉一直伴随着她走进了大学。刚进大学时，一切都是陌生的，离开了父母的呵护她有点茫然，但还是很积极地面对生活，各方面都表现得不错，身体健康，个性积极而热情。

小洁参加了学校和所在系的各类学生干部的竞选，结果都失败了。长这么大，她第一次受到如此"沉重"的打击，随后便陷入了自我否定的泥潭。她的情绪往往会因为一件很小的事情而大起大落、反复无常，在寝室里常与人争执，又很少忍让，人际关系也开始出现危机。严重时甚至对每个室友都充满了敌意，最终成为同学中的"另类"。

大二期间，精神萎靡、缺乏热情、自我否定表现在小洁生活的各个方面，她甚至产生了自闭的状态。加之和男友分手，小洁越想越委屈，觉得活得没有面子，便服用了大量安眠药自杀，所幸被同学及时发现。

之后小洁的父母意识到了事情的严重性，他们把小洁带到医院进行了全面的检查，身体倒是没有什么问题，但心理医生确诊她患上了"抑郁症"。

为了帮助小洁，心理医生给她开了药，之后又制定了多项心理治疗方法，并和小洁保持沟通。通过他们近一年的共同努力，小洁的病情终于渐渐好转，以前的坏习惯也改掉了不少，而且也喜欢和别人沟通了。在老师和同学们的眼中，小洁又变回了那个可爱的女孩。她还学会了瑜伽，并且每天都坚持练习。她的学习成绩也渐渐好了起来，大三时，小洁还拿到了奖学金。最让人感到高兴的是，2019 年 5 月，小洁被河北一所高校录取为研究生，而且攻读的还是心理学。

"马加爵事件"分析

一、如何培养健康的心理

大学生心理健康问题一直是困扰着高校、家庭和社会的大问题，如何针对性地解决这一问题，需要的不仅是外界各种力量的预防与干预，更重要的是大学生要主动培养自己的健康心理。

1. 正视心理问题

心理问题和心理疾病是很常见的，也是不容回避的。大学生应该积极学习相关知识，正确认识心理问题，必要时要及时咨询或求助于心理医生。

2. 了解自我，悦纳自我

要体会到自己的价值，即对自己的能力、性格、情绪和优缺点做出恰当、客观的评价，对自己不要提出苛刻的、非分的期望与要求；对自己的生活目标和理想也需要制定得切合实际；同时，即使对自己无法补救的缺陷，也能安然处之。

3. 接受他人，善于与他人相处

要乐于与他人交往，不仅能接受自我，也能接受他人，悦纳他人，认可别人存在的重要作用。在与人相处时，积极的态度（如同情、友善、信任、尊敬等）要强于消极的态度（如猜疑、嫉妒、敌视等）。

4. 热爱生活，乐于参加学习和工作

要积极投身于生活之中，在生活中尽情享受人生的乐趣。在学习和工作中，也要尽可能地发挥自己的个性和聪明才智，并从成果中获得满足和激励。

5. 能协调与控制情绪，心境良好

心理健康的人总具有乐观、愉快、开朗、满意等积极情绪，争取在社会规范允许范围内满足自己的各种需求；同时，对于自己得到的一切要有感恩的心态。

6. 人格和谐完整

人格结构包括气质、能力、性格、理想、信念、动机、兴趣、人生观等。人格需要在人的精神面貌中完整、协调、和谐地表现出来，这样才不会对外界刺激有偏激的情绪和行为反应。

7. 能够面对并接受现实

哪怕处于逆境，大学生也要能够主动地去适应现实，之后才能改造它，而不是一味逃避现实。既要有高于现实的理想，又不要沉湎于不切实际的幻想。要对自己的能力有充分的信心。

二、遇到心理问题如何排解

1. 宣泄法

例如，如果想哭了，就大声地哭吧，这样可以通过哭泣将很多负面情绪宣泄出来。此外，还可以将内心的不良情绪倾诉于别人，或者写在日记中。

2. 转移法

改变消极观点，把不愉快的活动转向愉快的活动。例如，和同学出去逛街、看电影等。

3. 任务分级法

治疗抑郁症在内的多种心理问题，最基本的手段是让患者重新活跃起来，任务分级法把目标或活动分解成小目标或更小的行为定式，其目的是使任务更简单化，以便患者完成，从而获得成功的喜悦。

> 【安全小贴士】
>
> 例如，以小时为单位制定日常活动表，写下每天的活动计划，如刷牙、洗衣服、读书、吃东西、听音乐等。当每天结束时，也许做了的事情与计划的事不太相符，但无论如何，也要把完成的事记下来。日常活动表看似简单，但它可以使人在精神上得到解脱，不再踌躇不决。即使只完成了计划的一部分，也可以带给人某种满足感，消除部分沮丧情绪。随着治疗的进展，任务难度要逐渐加大。

4. 改变自我陈述

用积极的自我陈述取代消极的自我陈述。例如，大声对自己说"我是有用的""我可以试着去做那件事"，取代"我无用"或"我做不了那件事"等。长时间如此，可以使人增加自信心，更有勇气来面对生活中的挫折，而不是一味地逃避。

5. 充实日常生活

大量研究表明，适当的体育锻炼可以调节人的心境，使愉悦性提高，愤怒性和抑郁性降低。另外，平时多听听音乐，或徜徉在大自然的怀抱中，这些方式都能排解心理问题。

6. 及时就医

发现或者怀疑自己有心理问题时，应该及时咨询心理医生，及时发现并设法解决问题。

【安全小贴士】

预防精神疾病

有不少人爱把神经病与心理疾病特别是精神病等同起来，总爱用嘲笑的口吻说：你有神经病。其实是个误区，精神病属于心理疾病范围，神经病属于器质性病理范围。

常见的精神病有精神分裂症、狂躁抑郁性精神病、更年期精神病、偏执性精神病及各种器质性病变伴发的精神病等。精神病患者的早期异常主要表现为性格改变、行为异常和言语异常等。患上了精神疾病必须到专业医院诊治，否则会症状恶化，增加治疗难度和自杀危险性，甚至造成精神残疾。

 安全互动抢答

（1）如何培养健康的心理？

（2）当遇到不愉快的事情时应该怎么办？

第七章

实 习 安 全

 本章导读

　　随着大学生数量的增加和就业压力的不断增大，大学生的就业焦虑也越来越高，求职心情迫切；大学生就业问题已引起全社会的高度重视。然而，多数人关心的是如何促进大学生充分就业，对大学生们就业安全问题的重视还显不足。

　　刚走出校门或还没走出校门的大学生，缺乏社会经验，他们在求职或实习中往往处于弱势地位。一些别有用心的人很容易利用大学生求职心切的心理，设置陷阱诱使大学生求职上当，导致求职受骗现象屡屡发生。一些专业的大学生实习具有一定的危险性，而大学生由于缺乏相应的安全意识，而屡屡受到伤害。

　　面对这些问题，除了政府应发挥应有的作用及学校要加强安全防护措施外，大学生自身在求职、实习过程中更要提高警惕，增强自我安全防范意识。

知识点睛

　　（1）了解实习与就业有哪些陷阱。

　　（2）熟悉怎样规避就业陷阱。

　　（3）知道实习和就业被骗后应如何做。

　　（4）了解实习安全。

　　（5）知道如何防范职业暴露。

　　（6）了解什么是传销及误入传销后应如何应对。

第一节　防范实习与就业陷阱

案例再现

　　应届大学毕业生李某在 2018 年 6 月份毕业后，自恃有才，并没有急于找工作，玩了两个月后才到北京，准备在北京大展拳脚。通过家人和朋友的帮忙，倒是很快联系了几份工作，简单尝试后，李某嫌这些工作要么没意思，要么待遇太低，都是干几天就离开了。

　　无所事事的李某，一边玩着网络游戏，一边想找个更有前途的工作。其实据他事后回忆，当时自己也不知道所谓有前途的工作到底是什么。看着早出晚归的同学，他陷入迷茫中。到了 11 月份，李某已经身无分文，靠朋友和同学的接济勉强吃饭。可是要交房租了，倔强的李某也不想再麻烦朋友和同学，离家几个月工作也没有眉目，自觉不好意思再求助家人，心里的焦急可想而知。

　　终于，李某在网上看到了一条招聘消息，职位是"游戏测试员"，喜爱玩游戏的李某单纯地幻想：在开心地玩游戏的同时还有不菲的收入，他觉得这个工作很适合自己。但是去应聘时对方表示，要先交 200 元的报名费，然后回去等通知，一个星期后会有通知。李某咬牙拿出了刚从同学那借来吃饭的 200 元钱交给对方，然后满怀希望地走了。

　　当晚，兴高采烈的李某和刚下班回家的同学说起了这事，他的同学当即表示他可能上当了。李某如遭雷劈，但还是抱有幻想。李某在忐忑中等了一个星期，对方一直没有打电话通知。忍耐不住的李某打电话询问，但是电话打不通，再次跑到招聘的公司，却已经人去屋空。愤怒的李某随后选择了报警。

　　警方表示为难，因为被骗数额太小，很难定性，而且偌大的北京，去哪里找那个骗子？此事只好不了了之。受到严重打击的李某没多久便回到了河北老家再谋出路，走的时候自觉没脸面，甚至都没有向亲密的同学和朋友们告别。

目前社会上实习和就业的陷阱很多，对缺乏社会经验又急于就业的学生来说，可以说是防不胜防。在求职过程中，求职者往往处在相对弱势的地位，而且当前劳动力市场还不是很规范，各种劳动法规也不健全，一旦发生劳动纠纷，通过法律途径寻求解决办法时，成本和费用相当昂贵。所以我们要树立正确的实习、择业和就业观，尽量少走弯路。

一、实习和就业有哪些陷阱

1. 骗取资料和钱财陷阱

一些用人单位的招聘是"挂羊头卖狗肉"，其主要目的是骗取应聘者的资料并出售牟利，或骗取应聘者的报名费、培训费和保证金等。

2. 广告陷阱

有些招聘广告夸大其词，对岗位名称加以粉饰。例如，"销售主管"其实就是推销员，"客户经理"就是业务员等。

3. 试用期陷阱

我国《劳动法》规定试用期可以长达半年，一些用人单位就钻了这个空子，以很低的工资让劳动者为他们干半年活。

4. 其他陷阱

除了以上所介绍的，还有一些形式各异的求职陷阱，如高收入陷阱、好工作陷阱、一夜暴富陷阱、劳动合同中含有霸王条款

陷阱等，这就需要同学们擦亮眼睛，遇事三思而后行。

二、怎样规避就业陷阱

（1）提高素质，练就本领。我们经常说的"好好学习"并不应该是一句空话，在学习中可以提高综合素质和专业技能，从而更容易辨别真假并找到好工作。

（2）学会做人。学会做人是一个人的立身之本。据调查显示：情商低下、心理脆弱、知识陈旧、技能单一、反应迟钝、单打独斗、目光短浅、不善于学习、不守纪、怕吃苦这十种人在求职的过程中很难找到理想的工作，且容易误入陷阱，走向

歧途。

（3）定位准确，切勿好高骛远。我国大学生的就业压力很大，要正确认识自己，既不能悲观，也不要盲目乐观，不能异想天开，要对自己和工作有准确的定位。

（4）学会吃苦耐劳。外出实习就业，并不是让学生去享受的。同学们要记得天上不会掉馅饼，一夜暴富的概率几乎为零。

（5）注意自身安全。应选择大型、专业、知名的人才网站投递应聘信息。此外，如果用人单位将面试安排在宾馆、小胡同，或时间在晚上，就不要贸然前往。

（6）是否缴纳费用。应聘过程中一旦用人单位提出要先交纳费用，要引起重视，正规用人单位绝不会有此举。这一般代表的是骗局，要坚决予以回绝，哪怕要交纳的费用不多。

（7）收集信息，冷静思考。实习和就业陷阱的报道已屡见不鲜，大学生应多关注相关报道，提高警惕。应聘前最好先对招聘企业有基本了解，并对企业的招聘信息做出基本判断，不要轻信对方。

（8）加强法律意识和防范意识。平时要学习了解相关法规，在签订劳动合同的时候要仔细查看，避免陷入合同中隐藏的文字陷阱和霸王条款。

三、实习和就业被骗怎么办

（1）学会果断放弃。遇到实习和就业陷阱，或是被要求完成远远超出自己能力的任务时，要勇于说"不"，果断选择放弃。

（2）求助。如果发现误入某个就业陷阱，要及时求助学校就业指导部或当地相关劳动部门，并且及时报警。

✓ 安全互动抢答

（1）你周边的朋友遇到过就业陷阱吗？谈谈如何规避就业陷阱。

（2）实习和就业被骗怎么办？

第二节　实习安全

案例再现

2018 年 8 月，常州某大学学生赵某与学校和常州某汽车公司签订了一份实习协议，由学校安排赵某至汽车公司进行实习。赵某在进入汽车公司后，被安排在人力资源岗位工作。但是 3 个月后，意想不到的事情发生了。赵某在汽车公司某车间地沟内，因逆向攀爬行驶中的汽车，被压伤双足。经常州市第一人民医院诊断：赵某的左小腿骨损伤、右胫骨开放性粉碎性骨折、右足挫裂伤。后经相关司法机构鉴定，赵某为六级伤残。因对赔偿问题协商不成，赵某将学校和汽车公司一同推上被告席，请求法院主持公道。

一探究竟

众所周知，大学生只要一走进实验室或者实习车间，就会面临各种各样的安全问题。如何在实验、实习教学中有效地进行安全教育，确保学生的生命安全与学校的财产安全，是一个值得广大实验、实习指导教师共同探讨的问题。

《职业学校学生
实习管理规定》

《规定》解读

实验、实习安全教育是指对大学生进行安全思想、安全知识、安全技能的宣传、教育和训练。全体师生要牢固树立"安全第一，预防为主"的思想，努力强化安全意识，认真学习有关安全知识，学好各项实验实习操作规程，通过不断地实践训练，充分掌握安全技术知识，提升安全作业技能，从而顺利达到实验实习教学的最终目标。

一、学校对实习学生的要求

学生实习是理论联系实际、培养学生独立工作能力的重要途径，是教学的重要组成部分和必备环节。学校在学生外出实习前都要开展安全教育，要求学生严格遵守，具体包括以下几方面的内容。

（1）遵守国家法律、社会公德和校纪校规以及实习单位的规章制度，遵守实习纪律，言行不能有损大学生形象。要认真了解和尊重当地的乡规民约、风俗习惯，避免与陌生人发生任何形式的冲突，以避免带来不必要的麻烦。

（2）一切行动要服从实习单位指导教师的管理，听从实习单位指导教师的指挥。尊重实习单位的领导和指导教师，对存在安全隐患的工作应向实习单位及时提出并进行相应调整。遵守交通法规，注意交通安全，外出时应选择符合国家安全标准的交通工具。

（3）遵守国家保密条例，对涉及保密的实习资料，必须保证资料安全。

（4）严格遵守实习期间的作息时间。实习期间不得擅自离开实习地点到外地游玩，若有事需外出，应尽量集体出发，集体返回。

（5）在实习期间，学生必须提高安全防范意识，提高自我保护能力，注意自身的人身和财物安全，防止各种事故的发生。发生突发事件或重大情况应及时向指导教师或系里报告，不得拖延。

（6）学生在校外实习期间，要自觉接受实习单位的教育管理，严格遵守实习单位的安全纪律和操作规程。参加实习的学生在接触、使用和操作各种机械电器设备和化学药品时，要先了解它们的特点、性能、操作要领，要严格按照有关人员示范的操作规程，并在他们的指导下进行操作。

（7）学生个人联系单位进行实习的，需经家长认可并及时告知实习指导教师，并自觉接受实习单位对学生实习期间的安全管理和要求，并向指导教师定期汇报实习情况。

（8）由于实习过程中存在诸多不确定因素，要求学生购买意外人身伤害保险。

（9）实习安全责任的主体是学生本人，学生应该认真遵守执行有关规定。学生家长要主动配合学校和企业对子女进行安全教育。

（10）学生在集中实习期间，中途因身体不适等各种原因需返校者，必须有人陪伴。在活动结束后，途中需回家的学生，必须办理请假手续并由带队教师同家长取得联系；单独回家的同学安全到家后，要及时打电话告知带队教师。

二、入厂教育内容

按照安全生产的要求，新入厂的大学生通常在实习期前都要进行三级安全教育，主要内容有以下几个方面。

1. 厂级安全教育

讲解党和国家有关安全生产的方针、政策、法令、法规；讲解劳动保护的意义、任务、内容及基本要求。介绍本企业的安全生产情况，包括企业安全生产发展史、企业生产特点、企业设备分布和特种设备的性能、作用、分布和注意事项以及主要危险及要害部位；介绍安全生产一般防护知识和电气及机械方面的安全知识；介绍企业的安全生产规章制度和安全生产组织机构以及企业内设置的各种警告标志和信号装置等；介绍企业典型事故案例和教训；介绍抢险、救灾、救人常识以及工伤事故报告程序等。此外，还要提出希望和要求，如要遵守操作规程和劳动纪律，不擅自离开工作岗位，不违章作业，不随便出入危险区域及要害部位，注意劳逸结合，正确使用劳动保护用品等。

2. 车间级安全教育

各车间有不同的生产特点和不同的要害部位、危险区域和设备，因此在进行本级安全教育时，主要介绍本车间生产特点和性质。如车间主要工种及作业中的专业安全要求；车间的生产方式及工艺流程；车间人员结构，安全生产组织及活动情况；车间危险区域、特种作业场所，有毒有害岗位情况；车间事故多发部位、原因及相应的特殊规定和安全要求；车间安全生产规章制度和劳动保护用品穿戴要求及注意事项；车间常见事故和对典型事故案例的剖析；车间安全生产、文明生产的经验与问题等。

【安全小贴士】

车间安全生产标语

安全来自长期警惕，事故源于瞬间麻痹。

多看一眼，安全保险；多防一步，少出事故。

工作为了生活好，安全为了活到老。

生产再忙，安全不忘；人命关天，安全在先。

生命只有一次，安全伴君一生。

安全生产莫侥幸，违章操作要人命。

保安全千日不足，出事故一日有余。

消除一切安全隐患，保障生产工作安全。

3. 班组级安全教育

介绍本班组的生产特点、危险区域、作业环境、设备状况、消防设施等。重点介绍高温、高压、易燃易爆、腐蚀、有毒有害、高空作业等可能导致事故发生的危险因素；本班组容易出事故的部位和典型事故案例的剖析；讲解本工种的安全操作规程、岗位责任、使用的机械设备及有关安全注意事项、工器具的性能、防护装置的作用和使用方法；讲解本工种安全操作规程和岗位责任；思想上应时刻重视安全生产，自觉遵守安全操作规程，不违章作业；爱护和正确使用机器设备和工具；介绍各种安全活动以及作业环境的安全检查和交接班制度，以及出了事故或发现了事故隐患时的报告制度和采取的措施；讲解正确使用劳动保护用品及其保管方法和文明生产的要求，重点讲解安全操作要领。

三、特殊专业实习的注意事项

1. 金工实习

金工实习是职业院校一门涉及专业面很广的基础性实践课程，参加实习学生人数众多，安全隐患的种类也很多。比如，操作靠电力驱动的设备有触电的危险，易燃易爆气体及压力容器有爆炸的危险，手工电弧焊有强紫外线辐射的危险。但最容易出现危险的还是各种各样的机械损伤，如各种切削机床的刀具、工件或传动装置以及砂轮、切割机等辅助设备对人身的伤害。这类安全事故一旦发生会给当事人造成无法挽回的损失。从这个意义上说，绝对要保证实习学生的人身安全和实习设备的安全，实习前充分学习安全技术规则是减少事故发生的最好方法。

（1）实习时要穿便于工作的服装，大袖口要扎紧，衬衫要系入裤内，女同学要戴安全帽，并将发辫纳入帽内，严禁穿拖鞋、凉鞋、背心、短裤等进入车间。

（2）应在指定的机床上进行实习。其他机床、工具或电器开关等均不得乱动；不准戴手套工作，不准用手摸正在运动的工件或刀具。变速、换刀、换工件或测量工件时，都必须停车；停车时不得用手去刹车床卡盘或铣床刀杆。

（3）开动机床前，要检查机床周围有无障碍物、各操作手柄位置是否正确、工件及刀具是否已夹持牢固等。开车后不准离开机床，如要离开必须停车。

（4）两人操作一台机床时，应分工明确，相互配合。在开车时必须注意另一人的安全。不要站在切屑飞出的方向，以免伤人。

（5）工作中如机床发出不正常声音或发生事故时，应立即停车，保持现场，并报告指导老师。

（6）电焊机在使用之前，应检查电焊机与开关外壳接地是否良好。焊接时必须穿好工作服，戴好工作帽和电焊手套，工作鞋和电焊手套保持干燥。焊接时为了防止其他人员受弧光伤害，工作场地应使用屏风板；切勿用手接触刚焊好的高温焊件，应使用钳子夹持高温焊件。敲击清理焊渣时，注意防止高温焊渣飞入眼内或烫伤皮肤。

（7）钻孔时不准戴手套，手中不准拿棉纱头，以免不小心被钻头卷进去或被切屑勾住，造成事故。女同学要戴工作帽。清理切屑不能用手去拉或用嘴吹，应用钩子或刷子清理，钻塑料或钢料时应加冷却液或润滑液。

（8）操作者必须熟悉、了解、掌握机床的机械性能、电器性能，开机前检查其是否符合工作要求，各按键、仪表、手柄及运动部位是否正常，注好油，检查好程序，注意开机、关机顺序，一定要按照机床说明书的规定操作。

2. 电工实习

在电类相关专业中，电工的专业实习必不可少，电工实习安全教育非常重要。如果使用电气设备不当或不规范操作，极易造成人身伤害及设备的损坏。为确保人身和财产安全，学生应提高安全意识，掌握安全技术，养成安全操作的习惯。

（1）进入电工电子实习基地不许戴项链、手链，不许穿拖鞋；长发要盘起，衣衫要穿得整齐。

（2）在实习过程中要严格执行安全操作技术规程，听从指挥，未经许可，不得擅自合闸送电；接通电源后，若有异常现象，应立即切断电源；切断电源后方可进行维修或排查故障。

（3）实习操作过程中，保持双手干燥。在检查和排除电路故障前，要用测量工具检查电路是否带电，严禁用手触摸。

（4）特殊情况下带电操作或登高作业，旁边必须安排专人监护。

（5）学会正确使用各种电工工具，使用工具前，要仔细检查工具绝缘部分是否损坏，以免触电伤人。实习中工具箱放在安全区域，工具用后要及时放入工具箱，不要随手乱放，更不允许放置在高处；导线线头、螺钉或其他配件放在专门区域，不要随意丢弃。

（6）严格遵守"先接线后通电""先断电后拆线"的操作顺序。接通电源或起动电机时，应先通知本组人员。

（7）严禁用身体接触电路中不绝缘的金属导线或连接点等带电部分。当天实习任务结束后，将所有实验设备、仪器仪表和导线放回原位且经指导教师验收后，方可离开。

3．景区实习

（1）避免去自然灾害易发地及各种疾病感染高发区开展实习活动，严禁到治安状况差的场所活动。

（2）出行在外，应注意文明举止，了解并尊重实习地的风俗习惯，尽量避免与陌生人发生任何形式的冲突，以免带来不必要的麻烦。

（3）严格遵守交通法规，杜绝交通意外的发生。在乘车、乘船或外出开展实习活动时，注意保管好自己的行李物品。

（4）确保饮食安全，不在小摊小贩处购买食品或就餐；准备必要的药品，带足御寒衣物。

（5）实习期间禁止任何形式的单独行动。不单独去陌生或偏僻的地方，夜间禁止单独出行，以防范抢劫、诈骗等事故的发生。

4．建筑专业实习

（1）进入施工现场作业前应穿好工作服，戴好安全帽并系好安全带，带好与本工种有关的其他防护用品，施工现场不准穿拖鞋、凉鞋、打赤脚或穿短裤，不准带小孩或闲杂人员进入施工现场。

（2）在施工现场内行走，应注意来往车辆和各种警示信号，严禁跨越正在运转的机电设备和起重卷扬机的钢丝绳、拖拉绳和其他危险物；不在吊物下面停留、观望和穿行。

（3）在工作中遵守劳动纪律，不准擅自离开工作岗位，在施工作业中不准打闹、斗殴、睡觉，不准在上班前和工作中饮酒。

（4）不准擅自乱动和拆除施工现场的各种管线、阀门、开关、电气线路、机电设备等各种安全防护措施以及各种安全标志和警示牌。

（5）高处作业人员必须穿好工作服，袖口、裤脚口要扎紧，要戴好安全帽，禁止穿硬底鞋、带钉易滑鞋、凉鞋、拖鞋和高跟鞋。安全带应拴挂在牢固的挂点上或专用的安全绳索上。高处作业应行走上下作业通道或爬梯，不准攀爬脚手架、起重吊臂、绳索，严禁搭乘运料的吊篮上下。遇暴风雨、大雪、大雾、大风等恶劣天气，应停止作业。

【安全小贴士】

安全操作"十忌"歌

一忌盲目操作，不懂装懂；二忌马虎操作，粗心大意；

三忌急速操作，忙中出错；四忌忙乱操作，顾此失彼；

五忌自顾操作，不顾相关；六忌心慈手软，扩大事端；

七忌程序不清，次序颠倒；八忌单一操作，监护不力；

九忌有章不循，胡干蛮干；十忌不分主次，轻重缓急。

 安全互动抢答

（1）结合自己的专业说一说我们在实验和实习过程中需要注意的安全问题。

（2）学校对学生实习有哪些要求？

（3）特殊专业实习应注意哪些问题？

第三节　防范职业暴露

案例再现

　　马某是艾滋病病房的护士，在处理艾滋病病房污物过程中，被一根混在污物中的穿刺针刺破手指，当时有可视性出血。马某立即用流动的自来水冲洗，并轻挤出血，然后用碘酒、酒精消毒皮肤。经专家指导，暴露源不明，有出血，马某采用基本用药方案服用双汰芝，在28天时抽血检测 HIV 抗体作为基线结果，并在 6 周、3 个月和 6 个月时检测 HIV 抗体，均为阴性。

　　某医院艾滋病门诊，有一位病人在门诊就诊中突然发生上消化道大出血，以大量呕血为主，刘医生在抢救该病人过程中，突有病人呕吐的血液喷射到了她的眼睛里和脸上。她立刻用清水洗脸，并用氯霉素药水点眼睛。后经专家指导，用生理盐水冲洗眼睛作为基线结果，并在 6 周、3 个月、6 个月时检测 HIV 抗体，均为阴性。

一探究竟

一、如何防护职业暴露

> **【安全小贴士】**
>
> **什么是职业暴露**
>
> 　　职业暴露是指医护、实验室、后勤人员以及有关工作人员在职业活动过程中，通过眼、口、鼻及其他黏膜、破损皮肤或胃肠外途径，暴露于含病原体的血液或其他潜在传染病物质，而具有被感染可能性的状态。

（1）医务人员在接触患者的血液、体液、分泌物、排泄物及其污染物品后，不论是否戴手套，都必须立即洗手。

（2）医务人员接触患者的血液、体液、分泌物、排泄物及破损的黏膜和皮肤前均应戴手套；对同一患者既接触清洁部位，又接触污染部位时应更换手套、洗手或手消毒。

（3）与普遍预防相同，在上述物质有可能发生喷溅时应戴眼罩、口罩，并穿隔离衣或防护衣，以防止医务人员皮肤、黏膜和衣服的污染。

（4）被上述物质污染的医疗用品和仪器设备应及时进行处理，以防止病原微生物在医务人员、患者、探视者与环境之间传播。对于需重复使用的医疗仪器设备应确保在下一患者使用之前清洁干净和消毒灭菌。

【安全小贴士】

医务人员职业暴露的现状

根据原卫生部统计信息中心《中国卫生统计年鉴》显示，我国从事医疗卫生的专业人员已达590.7万人。其中医生201.3万人、护师（士）154.3万人，药剂人员32.5万，检验人员20.7万人，其他70.0万人，其他技术人员24.4万人，管理人员35.6万人，工勤技能人员51.9万人。如果再加上其他直接或间接与患者接触的工作人员，这是一个非常大的群体。由于职业的特殊性，他（她）们长期工作在医院或其他医疗、保健机构如血站等，直接或间接与患者接触，时刻面临着职业暴露与医院感染危险。

（5）医务人员在进行各项医疗操作、清洁及环境表面消毒时，应严格遵守各项操作规程。

（6）污染的物品应及时处理，避免接触患者的皮肤与黏膜，以防污染其他物品，引起微生物传播。

（7）锐器和针头应小心处置，以防针刺伤。操作时针头套不必重新套上，当必须重新套上时应运用器具而不能直接用手。针头不应用手从注射器上取下、折弯、破坏或进行其他操作。一次性使用的注射器、输液器、针头、刀片和其他锐器应置

于防水耐刺的容器内，以便于集中销毁；需重复使用的锐利器械也应置于防水耐刺的容器内，以便于运输及再处理。

> 【安全小贴士】
>
> 　　自 1984 年全世界报道了首例由于职业暴露被感染了 HIV 以来，医护人员在护理或治疗活动中血液暴露的危害一直受到关注。
>
> 　　美国疾病预防中心监测报道：每年至少发生 100 万次意外针刺伤，引起 20 余种血源性疾病的传播。1983 年，美国疾病控制中心（CDC）制定了《医务人员感染控制指南》，并在随后的十几年中颁布了大量保护医务人员免受血液暴露的文件。
>
> 　　1991 年，美国劳动部职业安全局（OSHA）制定法规要求对暴露于经血液传播性微生物的医务人员进行职业保护，各种防护措施被大量推荐。2000 年 11 月 6 日，美国总统克林顿签署了有关针头安全操作及防止刺伤的法令。

二、医务人员职业暴露的分类

（1）生物危害：HIV、HBV、HCV 等。

（2）化学危害：抗肿瘤药、消毒制剂等。

（3）物理危害：运动功能性损伤（搬运重物、长时间站立操作）、物理刺激（噪音、高温、紫外线、射线暴露等）、锐器伤等。

> 【安全小贴士】
>
> **医务人员职业暴露的特点**
>
> 　1. 接触的病原未知
>
> 　2. 接触的途径多
>
> （1）直接接触。
>
> （2）间接接触。
>
> （3）飞沫传播。
>
> （4）空气传播。
>
> （5）消化道传播。
>
> （6）血液、体液传播。

三、发生职业暴露后应如何处理

发生血源性传播疾病职业暴露后，应立即实施以下局部处理措施（在发生科室完成）。

（1）用肥皂液和流动水清洗被污染的皮肤，用生理盐水冲洗被污染的黏膜。

（2）如有伤口，应当由近心段向远心段轻轻挤压，避免挤压伤口局部，尽可能挤出损伤处的血液，再用肥皂水和流动水进行冲洗。

（3）受伤部位的伤口冲洗后，应当用消毒液，如用70%乙醇溶液或者0.5%聚维酮碘溶液进行消毒，并包扎伤口，被接触的黏膜应当反复用生理盐水冲洗干净。

（4）追踪血清学病毒抗原、抗体检测。

（5）立即向科室医院感染管理小组报告，填写医务人员职业暴露卡、医务人员职业暴露情况登记表，并报告相关部门，到感染性疾病科就诊、随访和咨询。

（6）可疑暴露于HBV感染的血液、体液时，注射乙肝高价免疫球蛋白和乙肝疫苗。

（7）可疑暴露于HCV感染的血液、体液时，尽快于暴露后做HCV抗体检查，有些专家建议暴露4～6周后检测HCV的RNA。

（8）可疑暴露于HIV感染的血液、体液时，短时间内口服抗病毒药，尽快于暴露后检测HIV抗体，然后行周期性复查（如6周、12周、6个月等）。

（9）在跟踪期间，特别是在最初的6～12周，绝大部分感染者会出现症状，因此在此期间必须注意不要献血、捐赠器官及母乳喂养，过性生活时要用避孕套。

安全互动抢答

（1）简单阐述你对职业暴露的理解。

（2）如何预防职业暴露？

（3）发生职业暴露后应采取什么措施？

第四节　谨防误入传销

案例再现

　　孙某大学毕业后通过网络求职，在东莞找到一份"工作"。到东莞后，他被接到一出租屋中才发现自己入了传销陷阱。当晚，他一度逃出魔窟，但很快就被抓了回来。随后，传销人员开始对孙某进行洗脑，但孙某始终抗拒。种种不合作的态度最终激怒了这个已有十三名传销人员的组织。

　　孙某误入的是一个以网络销售手表为名，实际却是进行非法传销的组织。该组织规定：如果新人反抗，一定要把新人控制住，再让高级别管理人员与其沟通；如果新人不听话或是想偷跑，殴打也是行规。

　　最后有些失去耐心的传销人员与孙某展开协商，可孙某还是要求离开。据犯罪嫌疑人供述：该组织管理人员安排了数名传销人员合力把孙某的头部一次次摁进装有洗衣水的脸盆内，以便让孙某冷静。可是孙某还是不改要离开的初衷。

　　孙某当时已经瘫倒，管理人员有些放松警惕，这时孙某突然起身试图冲出房门。慌乱之际，有人用手臂勒住孙某的喉咙，有人用膝盖撞击孙某的脊椎骨，还有人则从旁侧踢孙某的腿部和肋骨。

　　据犯罪嫌疑人供述，这个群殴过程足足持续了几分钟。当晚 11 时许，孙某开始口吐白沫，两名传销人员在医院扔下孙某，逃之夭夭。

　　医院方面当即报警，警方马上介入调查。次日凌晨，警方找到了涉事出租屋，相关人员全部被逮捕。据警方介绍，涉案的十三名传销人员均为大专以上学历，其中一人还曾当过教师。

一探究竟

大学生误入传销

一、什么是传销

国务院令公布的《禁止传销条例》第一章第二条规定："本条例所称传销，是指组织者或经营者发展人员，通过对被发展人员以其直接或者间接发展的人员数量或者销售业绩为依据计算和给付报酬，或者要求被发展人员以交纳一定费用为条件取得加入资格等方式牟取非法利益，扰乱经济秩序，影响社会稳定的行为。"

【安全小贴士】

传销实际上是有组织的犯罪活动，这是因为传销组织经常会采取暴力和精神双重控制的方式，使参加者很难脱离传销组织。不少人被"洗脑"后，深陷其中，不能自拔，对传销和变相传销灌输的理念深信不疑。除此之外，传销组织还逼迫参加者发展下线，继续诱骗朋友、同学加入。由于传销人员的发展对象多为亲属、朋友、同学、同乡等，其不择手段的欺诈方法，导致人们之间信任度严重下降，引发亲友反目，甚至家破人亡。

二、如何判断对方是否是传销

在我国，传销一度非常猖獗，为国法所不容。随着国家不断地打击和人民认识的提高，有些不法分子绕开了"传销"的字眼，动员他人加入时总是以"直销""网络连锁""电子商务"等新名词作掩饰，混淆是非，成为大学生实习和就业途中最大的陷阱。

那么怎样才能识别已"改头换面"的传销呢？传销有它的基本特征，若具备其中之一者，就是变相的传销。

（1）组织者或者经营者通过发展人员，要求被发展人员发展其他人员加入（俗称"拉人头"），形成上下线关系，并以下线的销售业绩为依据计算和付给上线报酬，牟取非法利益。

（2）组织者或者经营者通过发展人员，要求被发展人员交纳费用或者以认购商品（商品的价格往往高于市面同类商品）等方式变相交纳费用（俗称"入盟费"），取得加入或者发展其他人员加入的资格，牟取非法利益。

三、误入传销陷阱后如何应对

传销对社会危害极大，大学生要充分认识到传销的危害性，一旦误入不可久留，应想方设法尽快脱身。

1. 克服恐惧心理，沉着冷静很重要

误入传销后，不能做一些过激的行为，如跳楼、拿刀伤人等，这样非但不能解决问题，反而让自己陷入更危险的境地。只有沉着冷静，才能与传销组织斗智斗勇、巧妙周旋，最终化险为夷。

2. 保持清醒的头脑

传销组织会对人进行洗脑，这是传销组织控制参加者的最有力手段，如果接受了洗脑，后果不堪设想。因此，头脑必须保持足够的清醒，任他吹得天花乱坠，绝对不能上当。

3. 记住地址，伺机报警

一旦误入传销组织，首先要想办法偷偷报警，或者告知自己的亲人朋友帮忙报警。最好要掌握自己所处的具体位置，或者观察附近有没有标志性建筑，以待救援。

4. 找住机会逃跑

传销组织每天都有一些户外活动，在这个过程中随行的人可能相对较少，此时如果有机会，可迅速逃离。

5. 向别人寻求帮助

如果可以接近一些机关单位、企事业单位，可以找机会跑过去向保安或工作人员求助；或者跑向人多的地方高声向路人求救；也可以在上厕所时偷偷写好求救纸条，然后找机会悄悄递出去，让拿到纸条的人帮忙报警。

6. 骗取信任，寻机逃离

如果暂时跑不掉，在敌强我弱的情况下，就要想办法伪装，骗取他们的信任，等他们放松警惕后再寻找机会逃离。

7. 坚决报警

一旦脱离传销组织，为人为己，都要马上报警。

 安全互动抢答

（1）谈谈你对传销的看法。

（2）进入传销陷阱后应如何应对？

第八章

突发事件应对常识

本章导读

自诞生以来，人类就不断受到各种各样突发事件的威胁。在现代社会生活中，突发事件的发生已经成为一种常见现象，特别是随着现代化的进程，受经济全球化及世界政治经济格局的变换、社会结构的转型、资讯手段的发达等多种动因的影响，突发事件的发生变得更加频繁和复杂，其社会危害也越来越大。

据记载，21世纪以来，我国因各类突发事件每年造成非正常死亡的人数超过20万，伤残人数超过200万，经济损失超过6000亿元。其中，自然灾害平均每年造成受灾人数1.5～3.5亿人，死亡人数1万多人，经济损失2000亿元。重特大事故平均每年造成死亡人数13万人，伤残人数70多万人，经济损失2500多亿元。

知识点睛

（1）了解突发事件的概念及特征。

（2）知道引起校园突发事件的因素。

（3）了解校园突发事件的分类及防范措施。

案例再现

2018 年 7 月，重庆某大学 8 名大学生在安徽天柱山附近开展社会实践活动时遭遇雷击，4 人受伤，1 人死亡。

据受伤学生王某说，事发时社会实践活动并没有结束，他们路过天柱山时就上去玩了。上午上山时天气很好，下午 2 点多正当他们向主峰进发时，天突然变了脸，很快就下起暴雨，并伴随着闪电和巨大的雷声，带去的两把遮阳伞很快就被大风吹散架。于是，8 名同学就和游客跑到附近躲雨，其中，王某和几名同学跑到了一个山洞附近的亭子里。

王某回忆说，当时天上雷声滚滚，到处都是在奔跑着躲雨的游客，耳边充斥着雷声、雨声和人们的尖叫声。不久，他就看见附近的一块大岩石被闪电劈下了一块，他看见同学小林被石头砸伤头部，但却无法过去救助他。等了约 20 分钟，待雨小了点后，王某跑去找同学，发现一块巨石下，有 3 人倒在了地上，其中一人是他的同学郭某。他立即跑上前去给郭某做人工呼吸，"他的眼睛发红，脸色发灰，口中还有一股火药味，心跳非常微弱。"雷击范围的直径估计有 15 米。约 40 分钟后，接到报警的救援人员赶到了现场，郭某因为遭雷击伤势过重在事发当日死亡。

一探究竟

一、突发事件的概念及特征

1. 突发事件的概念

从狭义上来说，突发事件是指在一定区域内，突然发生的、规模较大的、对社会产生广泛负面影响的、对生命和财产构成严重威胁的事件和灾难。从广义上来说，突发事件是指在组织或者个人原定计划之外或者在其认识范围之外突然发生的，对其利益具有损伤性或潜在危害性的一切事件。

我们通常所说的突发事件一般指的是狭义的突发事件，即突发公共事件。"公共危机事件""紧急事件""紧急情况""非常状态""戒严状态"等，都是突发事件的各种说法。我国 2007 年 11 月 1 日起施行的《中华人民共和国突发事件应对法》中指出："突发事件，是指突然发生，造成或者可能造成严重社会危害，需要采取应急处置措施予以应对的自然灾害、事故灾难、公共卫生事件和社会安全事件。"

具体解释如下：

自然灾害是由自然因素直接导致的，主要包括水旱灾害、气象灾害、地震灾害、地质灾害、海洋灾害、生物灾害和森林草原火灾等。事故灾难是由人们无视规则的行为所致的，主要包括工矿商贸等企业的各类安全事故、公共设施和设备事故、核与辐射事故、环境污染和生态破坏事件等。公共卫生事件是由自然因素和人为因素共同所致的，主要包括传染病疫情、群体性不明原因疾病、食品安全和职业危害、动物疫情以及其他严重影响公众健康和生命安全的事件。社会安全事件是由一定的社会问题诱发的，主要包括恐怖袭击事件、民族宗教事件、经济安全事故、涉外突发事件和群体性事件等。

2. 突发事件的特征

大量案例表明，突发事件在发生、发展演化过程、影响后果及应对过程等方面具有以下明显的特征：

（1）引发的突然性和不可预测性

突发事件是事物内在矛盾由量变到质变的飞跃过程，是通过一定的契机诱发的，诱因具有一定的偶然性和隐蔽性。突发事件以什么方式出现，在什么时候出现，是人们所无法把握的，这就是说突发事件发生的具体时间、实际规模、具体态势和影响深度，是难以预测的。例如，2001 年美国"9.11"恐怖袭击事件，2003年 SARS 的首次出现和蔓延，其发生都具有明显的突然性，且前兆不明显，发生、发展和演化规律难以预见。

（2）高度的衍生性和连锁动态性

突发事件在发展过程中往往会引起其他领域突发事件的发生，并相互作用，形成一连串的连锁反应。非政治性事件可能演变为政治性事件，自然性的事件可能演变为社会性的事件，特别是在当今全球化和信息化的世界里尤其如此。例如，1986年发生的切尔诺贝利核泄漏事件，由于决策主体决策迟缓、处置不力，大约 50 t 放射性物质进入大气，2.5 万平方千米的 1750 万人受到辐射，酿成了人类历史上和平时期最大的核灾难。

（3）典型的灾难后果与不可控制性

大部分突发事件突然发生，导致大量的人员伤亡、经济损失等灾难性后果，且事件暴发的过程都具有较强的不可控制性。鼠疫、非典、H1N1 甲型流感等一旦蔓延传播，在缺乏有效治疗药物的情况下也会导致失控，造成大量的人员伤亡，对各行各业产生严重的经济影响，后果不堪设想。2004 年印度洋海啸暴发，对印度、巴基斯坦等南亚国家和很多东南亚的国家造成了巨大的人员和社会损失，海啸在几个小时内就蔓延至数十个国家。2010年美国墨西哥湾发生的原油泄漏事件，尽管3/4外泄原油经多种途径得以清除，但是引发的重大生态灾难是无法避免的，原油已经渗入墨西哥湾区域的食物链乃至食物网，其影响会持续数年。

（4）严重的社会恐慌和危机性

突发事件的影响范围广、涉及领域多、经济损失巨大，给公众利益、社会基本结构等带来严重的威胁，并且人们对其发生、发展演化规律的认识不够，没有现成的应急预案可循。因此，如果对事态不及时进行控制或应对不力，就很容易造成社会公众的恐慌，对当前的社会秩序造成冲击，甚至引起社会混乱和动荡。例如，非典危机期间，谣言和不实信息在不明真相的人们之间传播，使问题变得更加复杂，曾一度引发了社会抢购风潮和社会恐慌，很多人甚至认为世界末日即将到来。

二、引起校园突发事件的因素

各院校作为开放性的文化组织走在知识、时代的前列，聚集了大批有知识、有思想、有激情的教师与学生。高品位、高素质的群体对新事物的反应与接受能力强，嗅觉敏锐，思维活跃；对事件的参与能力极强，行动活跃。另外，现代社会信息传播的媒介越来越发达，网络和媒体信息传播快捷，各类突发事件很容易在大学生群体中迅速蔓延。近年来，各种因素引发的高等院校突发事件呈明显的上升趋势，主要因素有：

1. 自然灾害因素

由自然灾害引发，而非人为因素引起的突发事件，如因地震、台风、暴雨雪等自然灾害引发的人身伤害。

2. 政治因素

由社会问题、政治问题引发的事件，如民族问题、社会恐怖活动、物价上涨等都会引发大学生群体性事件。大学生文化层次高，参与政治话题的热情高，但社会经验不足，生活阅历浅，缺少全面、深入辩证地思考问题的能力，看待复杂社会问题时容易以偏概全、片面化、极端化，而且容易被社会不法分子所利用，进行一些大规模的上街游行、示威、抗议等活动，对社会的稳定造成一些负面影响。

3. 社会因素

在开放、多元、动态的社会环境中，社会治安问题校园化、校园治安问题社会化的趋势越来越明显。目前多数大学校园周边环境复杂，娱乐场所多，台球厅、网吧、歌舞厅、美容院等随处可见，流动人口多、出租房屋多、无证摊点多、交通安全隐患多。各类黑车屡禁不止，其凭借价格低廉、服务"周到"等特色，更容易吸引一些自律性不强的大学生，从而引发各种社会治安事件。此外，由于当前信息技术、网络技术的迅速发展，一些社会不法分子利用欺诈、欺骗等手段引诱大学生上当受骗或使其误入歧途。

4. 就业因素

随着社会城市化、人口结构转变、劳动力市场转型、高等教育体制改革等一系列结构性因素的变化，越来越多的大学毕业生选择在大城市就业。再加上我国就业形势变化、房价过高、大学生就业观滞后等原因，在大城市中逐渐出现了一个特殊的群体——"蚁族"，即"大学毕业生低收入聚居群体"。

【安全小贴士】

"蚁族"大多从事保险推销、电子器材销售和餐饮服务等低层次、临时性工作，绝大多数没有"三险"和劳动合同，有的甚至处于失业、半失业状态，收入低且不稳定，生活条件差，缺乏社会保障，思想情绪波动较大，且普遍不愿意与家人说明真实境况，与外界的交往主要靠互联网，并通过网络来宣泄不满情绪。以"蚁族"为例，由于就业等因素产生的社会问题，不仅会使在校大学生产生思想波动，直接影响校园的安全稳定，而且会成为社会群体性事件的诱发因素，直接影响社会的稳定。

5. 公共卫生因素

公共卫生因素是指在院校突然发生的、造成或可能造成大学生的身体健康受到严重损害的重大传染病疫情、群体性不明原因疾病、重大食物和职业中毒以及其他严重影响大学生健康的因素。

6. 日常学习、生活因素

学校在配套设施、管理体制等方面存在着诸多不相适应的状况，容易引起学生和家长的不满，引发群体性事件。校园园区化，使学生聚集，也使校际之间学生摩擦的可能性增加，一旦出现事端，扩散的速度和波及的范围都会超乎寻常。后勤社会化，使投资主体与消费主体之间容易产生矛盾。教育国际化，多元文化造成不同价值观之间的相互碰撞。这些状况都对学校的稳定工作提出了新的挑战，如果处置不当，随时可能引发和激化群体性事件。

7. 环境压力因素

即由社会环境、家庭环境和学校环境对大学生的学习、工作、生活等方面造成的压力而导致的突发事件。由于大学生的心理处于社会转型期，长期受到父母的溺爱，缺乏艰苦实践的磨炼，心理素质、意志品质和自我控制能力较差，在面临越来越大的学业压力、经济压力、心理压力、情感压力和就业压力的情况下，不少学生患上了焦虑症、抑郁症、恐惧症，出走、自残、自杀等非理性行为时有发生。有关调查显示，全国大学生中因精神疾病而退学的人数占退学总人数的 54.4%，有 28% 的大学生有不同程度的心理问题。

三、校园突发事件的分类及防范措施

1. 交通伤害事故与防范应急措施

交通伤害事故的防范与应急措施主要有：

（1）经常对学生们进行乘机动车、乘火车、乘船和骑自行车等出行的安全知识教育。

（2）教育学生坚决不乘坐有安全隐患的车辆。

（3）严禁学生在道路上跑步。

（4）严禁出租学校的场地作为停车场。

（5）集体出行要制订应急预案，责任到人，以确保安全。

（6）定期检查校车，存在安全隐患的要坚决停运。

（7）一旦发生事故，立即拨打 110、120、122 请求救援。

2. 溺水伤害事故与防范应急措施

溺水伤害事故的防范与应急措施主要有：

（1）经常对学生们进行防溺水教育。

（2）教育学生不到陌生水域游泳。

（3）教育学生不在冰面玩耍。

（4）发现有人溺水要呼唤成人施救，不要做力所不及的援救，以免扩大伤害。

（5）发现有人溺水，应及时拨打电话求救。

3. 火灾伤害事故与防范应急措施

火灾伤害事故的防范与应急措施主要有：

（1）经常排查消防安全隐患并及时消除。

（2）教会学生正确使用灭火器灭火。

（3）教育学生一旦发现火情，要有秩序地疏散，严防拥挤踩踏。

（4）严禁学生在宿舍内使用明火。

（5）配足配齐灭火器材和应急灯、逃生标志。

（6）学校每年至少组织一次消防逃生演练。

（7）牢记火警电话119，发现火情立即报警。

4. 中毒伤害事故与防范应急措施

中毒伤害事故的防范与应急措施主要有：

（1）经常对学生进行食品安全教育。

（2）教育学生不购买零售摊点，特别是流动摊点出售的"三无"食品。

（3）加强学校食堂管理，校领导要经常深入食堂检查，发现问题应及时处理。

（4）建议学校食堂不出售易产生皂角素的蔬菜。

（5）建议学校食堂春节后不再出售土豆菜。

（6）教育学生远离毒品，坚决拒绝吸食毒品。

（7）煤炉取暖要安装烟囱弯头，防止煤气中毒。

（8）教育学生避免农药中毒和农药污染物中毒。

食物入中毒事件

5. 暴力伤害事故与防范应急措施

暴力伤害事故的防范与应急措施主要有：

（1）定期邀请法制副校长到校做法制教育报告，每学期至少一次。

（2）定期收缴管制刀具，每学期一次。

（3）教育门卫切实履行自己的职责，严格执行登记制度，把好学校安全第一关。

（4）选择一个暴力伤害典型案例，条分缕析，讲清危害，以达到警示教育的目的。

（5）严禁教师体罚和变相体罚学生。

（6）一旦发生暴力事件，一定要想办法救人。

6. 倒塌伤害事故与防范应急措施

倒塌伤害事故的防范与应急措施主要有：

（1）要经常检查校舍及设施，发现危险应及时处理维修。学校无力维修的要向上级报告。

（2）无论何时何地，只要发现险情，首先要把学生转移到安全地带，再向上级报告。

（3）坚决不使用 D 级危房。

（4）教育学生远离 B、C 级危房。

7. 踩踏伤害事故与防范应急措施

踩踏伤害事故的防范与应急措施主要有：

（1）严格履行晚自习校长带班、教师值班制度。

（2）在楼梯转弯处悬挂安全提示语，如"上下楼梯靠右行""上下楼梯勿拥挤"等。

（3）制订大型集体活动的应急预案。

（4）定期检查楼道里的照明设施，发现隐患应及时消除。

（5）教育学生不要散布恐怖信息、制造紧张气氛、自己吓唬自己，酿成本不该发生的悲剧。

8. 触电伤害事故与防范应急措施

触电伤害事故的防范与应急措施主要有：

（1）严禁学生私拉乱扯电线。

（2）教育学生不懂就不要接触电器。

（3）学校要经常检查用电设施，及时排除隐患。

（4）在电力设施等处应张贴明显的安全提示语。

（5）若发现有人触电，应立即向成年人求救，千万不要直接用手救人，以免触电。

（6）若发现落地电线，应离开 10 米以外，不要用手捡拾。

9. 网瘾伤害事故与防范应急措施

（1）认真学习《全国青少年网络文明公约》，严格要求自己，文明上网。

（2）教育学生们控制自己的上网时间，每次上网以不超过 2 小时为宜，长时间沉迷网络有害健康。

（3）不要轻易与网友见面，尤其是女同学。

（4）对网上求爱者不要理睬，以免落入网恋陷阱。

（5）单独在家时不要轻易让网友来访。

（6）教育学生远离暴力游戏、远离色情网站。

10. 活动伤害事故与防范应急措施

活动伤害事故的防范与应急措施主要有：

（1）学校组织大型集体活动时，要制订详细的应急预案。

（2）学校组织体育活动时，体育教师要讲清动作要领，落实保护措施，且不得擅离职守。

（3）学校组织实验活动时，要讲清操作规范，落实防范措施，避免发生触电、爆炸、起火、硫酸灼伤等事故。

（4）教育学生课间玩耍时注意安全，防止伤人和自伤。

（5）教育学生参加集体活动时要遵守纪律、服从指挥，严禁擅自行动。

（6）一旦发生安全事故，要沉着应对、果断处理，绝不能惊慌失措。

11. 性侵害与防范应急措施

性侵害的防范与应急措施主要有：

（1）女孩外出时，应了解环境，尽量在安全的路线上行走，避开荒僻和陌生的地方。

（2）女孩外出时，要注意身边的情况，不要和陌生人说话，如有人盯梢或纠缠，应尽快向人多的地方靠近，必要时可高声呼救。

（3）女孩外出时，应随时与家长联系，未得到家长的许可，不可在别人家夜宿。

（4）应该避免单独和男子在家里或者在僻静、封闭的地方见面，尤其是在男子的家里。

（5）在外不可随便食用陌生人送的饮料或食品，谨防有麻醉药物。

（6）拒绝男士提供的色情影视录像和书刊图片，以防其图谋不轨。

（7）女孩独自在家时，应注意关门上锁，不让陌生人进屋。对自称是服务维修的人员，应告知其等家长回来后再来。

（8）晚上女生外出时，应结伴而行，年幼女生外出时，家长一定要接送。

（9）衣着不可过露，不要过分打扮，切忌轻浮张扬。

（10）晚上单独在家睡觉，如果发觉有陌生人进入室内，不要慌张害怕，更不要钻到被窝里蒙着头，应果断开灯呼叫求救。遭到性侵害后，要尽快告诉家长或报警，切不可因害羞、胆怯延误了时间错失有力的证据，使疑犯逍遥法外。

12. 自然灾害事故与防范应急措施

自然灾害事故的防范与应急措施主要有：

（1）学校应当经常向学生讲授预防雷电、地震、台风、洪水、泥石流、暴风雪等自然灾害的知识，以提高其防范能力。

（2）学校应在高大的建筑物及其他附属设施上安装避雷设施，并定期进行检测，以确保良好的防雷效果。

（3）教育学生关注天气预报，雷雨时做好防雷准备。

（4）教育学生注意汛情变化，做好防洪准备。

（5）每年学校都要组织一次防地震、防暴风雪、防洪水等逃生演练。

13.传染性疾病与防范应急措施

传染性疾病的防范应急措施主要有：

（1）学校要高度重视学校卫生工作，把学校疾病预防控制工作纳入学校工作计划之中。

病毒的存活时间

正确选择口罩

脱戴口罩的正确方式

正确洗手

防范新型肺炎48字守则

（2）建立健全传染病防治的相关制度，落实岗位责任，提供必要的卫生资源及设施。

（3）加强有关预防传染病的知识培训，保证每周30分钟的健康教育，向师生普及正确的防疫知识，培养良好的个人卫生习惯。

（4）对教室、专用教室等场所保持室内通风换气，按规定定期消毒。

（5）长期组织学校锻炼活动，加强学生体质锻炼，增强抵抗力。

（6）应急处理程序

1）在校学生或教职员工发现传染病，立即上报上级部门和疾控中心，及时通知通知学生家长或教职工家属，及时防范。

2）学校应成立应急小组，小组领导立即亲临现场指挥，要求传染病者立即戴防护口罩、手套，在第一时间内利用学校隔离室进行隔离观察，并马上打"120"电话，送定点传染病医院诊治。

3）对传染病病人所在班级教室或办公室及所涉及的公共场所进行消毒，对与传染病人密切接触的学生、教职工进行隔离观察，并做好人员登记。防止疫情扩散，迅速切断感染源。

4）公布病情感染源及其采取的防护措施，安定人心，维护学校稳定。

5）请示政府和教育部门，决定是否实行全校停课。并采取一切有效措施，迅速控制传染源，切断传染途径，保护易感人群。

6）配合疾控中心进行疫情处理和流行病学调查，对传染病人到过的场所、接触过的人员，以及患者的家庭成员、邻居同事、同学进行随访调查，并采取必要的隔离观察措施。

【安全小贴士】

　　新型冠状病毒肺炎是一种急性感染性肺炎，其病原体是一种先前未在人类中发现的新型冠状病毒，即 2019 新型冠状病毒。2020 年 2 月 7 日，国家卫健委决定将"新型冠状病毒感染的肺炎"暂命名为"新型冠状病毒肺炎"，简称"新冠肺炎"。2 月 11 日，世界卫生组织（WHO）将其英文名称为 Corona Virus Disease 2019（COVID-19）。2 月 22 日，国家卫健委决定将"新型冠状病毒肺炎"英文名称修订为"COVID-19"，与世界卫生组织命名保持一致，中文名称保持不变。

　　截至北京时间 2020 年 4 月 9 日 6 时 59 分，全球新冠肺炎确诊病例超过 150 万例，死亡病例逾 8.8 万例。

　　患者初始症状多为发热、乏力和干咳，并逐渐出现呼吸困难等严重表现。多数患者预后良好，部分严重病例可出现急性呼吸窘迫综合征或脓毒症休克，甚至死亡。目前，缺乏针对病原体的有效抗病毒药物，以隔离治疗、对症支持治疗为主。

 安全互动抢答

（1）校园突发事件的概念是什么？

（2）校园突发事件有哪些特征？

（3）校园突发事件的防范措施有哪些？

第九章

自然灾害应对

本章导读

　　自然灾害是自然界中突发的、不可控制的异常现象，对人类社会破坏极大。近年来，我国频发特大突发自然灾害，2008年"5·12"汶川大地震震惊世界，2012年"4·14"玉树地震袭来，同年"8·7"舟曲泥石流又造成重大人员伤亡和财产损失。邻国日本也是灾难连连。2011年3月11日，日本东北部发生大地震，地震引发海啸，造成福岛核电站泄漏事故，损失惨重。在大自然的震怒面前，人类总是如此弱小而无力。尽管电影《2012》中描述的全球性大灾难是虚构的，但是任何一个局部性的特大自然灾害对于受灾人民来说都是可怕的末日图景。因此，科学认识自然灾害的发生、发展，掌握这些自然灾害存在的一般规律，做好必要的防范措施，尽可能减弱灾害造成的危害，已经成为人类社会共同关心和研究的课题之一。常见的自然灾害有洪水、地震、雷电、泥石流、山体滑坡、雪灾等。作为大学生，掌握如何防范自然灾害的发生及了解灾后如何自救互救，做到正确应对，以减少伤亡、减轻受灾程度，是十分必要的。

知识点睛

　　（1）了解如何应对雷雨天气。

　　（2）知道如何应对大风天气。

　　（3）了解如何应对冰雪天气。

　　（4）知道遇到地震怎么办。

　　（5）了解遇到泥石流怎么办。

　　（6）了解遇到海啸怎么办。

第一节　气象灾害

案例再现

2008 年，我们经历了太多：南方雪灾、汶川地震、金融风暴……

那场雪灾发生时我还是长沙某大学的一名学生。正值放寒假的前后，这场无情的冰雪不仅封锁了我们回家的路，还肆无忌惮地摧垮了长沙城内的电力、交通和水利系统。

停水停电在我们日常生活中偶有发生，但这次不同于一般的停水停电。当日城内所有生产被迫停止，人们的生活受到了严重阻碍。学校附近的餐馆，大多数都已经停止营业了，我们只能靠学校强行开放的食堂解决一日三餐。电脑、手机等通信和娱乐工具，在那种情况下彻底失去了它们的作用。

记得停水停电当天的那个晚上，宿舍是冰冷的，我的心情沉重而复杂。窗外的这个城市漆黑一片，偶尔能看到几处亮光却是老师在点着蜡烛来询问我们的情况。那个夜晚很长很长……

幸好在国家、政府、军队、学校等各方单位和人员的共同努力下，第二天下午，我们学校的水电系统便能正常运作了，那条我和父母回家的必经之路——京珠高速公路也疏通了。见到在这条公路上被困了多日的父母时，我不禁潸然泪下。

这场冰雪灾害，让我对大自然的力量有了一个更清楚的认识，也让我明白了在自然灾害面前，我们人类虽然渺小，但只要保持冷静，做足准备，团结起来就能战胜自然灾害。

一探究竟

视频：实拍各种雷电合集

一、如何应对雷电天气

夏季不仅烈日炎炎，而且雷雨频频，雷击伤人或毁物事件时有发生。当遇到雷电天气时，要注意以下几点：

（1）尽量不要骑自行车、摩托车和电动车，不要把带金属的东西扛在肩上，最好拿下头上佩戴的金属发夹等饰品。

（2）应迅速躲入有防雷设施保护的建筑物内，不要在雨中停留过久。

（3）千万不要站在孤立的高楼、电线杆、烟囱、大树或高塔下躲雨。

（4）如果你在车上，切记关好车门，并将车上的天线收起来。

（5）最好关闭正在使用的电脑、电视等家用电器，不要打电话。

（6）关好门窗，防止危险的侧击雷和球形闪电侵入，避免因室内温度大引起导电效应而发生雷击灾害。

（7）不要赤脚站在泥地或水泥地上，可以穿上绝缘的橡胶雨鞋。不要在雷电交加时用淋浴喷头冲凉，以防雷电沿着水流袭击正在淋浴的人。

二、如何应对大风天气

大风是指近地面层风力达 8 级（平均风速 17.2 米/秒）或以上的风。大风会毁坏地面设施和建筑物，往往很短时间就会对人类的生产和生活造成较大损害。

（1）密切关注大风警报通知，及时采取预防措施，更改外出行程。不要到离学校较远的地方访亲会友，不到江河湖海等水域游泳。

（2）大风袭来可能会造成停电、断水及交通中断等情况，应尽量储备一些饮用水、蜡烛、手电筒和面包，以备不时之需。

（3）检查门窗、室内悬挂的物品等，并及时进行加固，尤其是迎风一面的门窗。若风势猛烈，可用木板或其他沉重的物品顶住门窗。玻璃窗贴上胶布，以免玻璃被击碎时碎片伤人。及时搬移屋顶、窗台、阳台处的花盆等物品以免被风吹落伤人。

（4）外出的同学要尽快返回，不要在广告牌或大树下长时间逗留。

（5）尽可能远离建筑工地，不要靠近高压线。因为大风有可能毁坏电线杆、脚手架、吊塔、围墙等设施。

（6）尽量少走高层建筑之间的狭长通道，因为狭长通道会形成"狭管效应"，风势凶猛时，会给行人带来生命危险。

（7）不要在风中跑动，也不要骑车，而应扣好衣服，弯腰一步一步脚踏实地前进，并尽快躲进附近的建筑物内。

（8）台风过后，不要马上出来。因为台风的风眼在上空掠过后，地面会平静一段时间，但风暴还没有结束。通常，这种平静持续不到 1 个小时，风就会从相反的方向再度横扫过来。如果是在户外躲避，那么此时就要转移到原来避风地的对侧。

三、如何应对冰雪天气

冰雪灾害如雪崩、强暴风雪、低温冰冻等，会对工程设施、交通运输和人民生命财产造成直接破坏，是比较严重的自然灾害。

（1）自身要预防低温冻伤。为防止冻伤，应时常地活动面部肌肉，并用手揉搓脸、耳、鼻、手腕等部位。特别要注意保持鞋袜干燥，出汗多时应及时更换或烘烤。

（2）若发现皮肤有冻伤现象，应用手或干燥的绒布摩擦伤处，也可使用辣椒泡酒涂擦，以促进血液循环，减轻冻伤。若手脚冻伤，可放在 40℃ 左右的温水中浸泡，或者在冻伤的部位涂上獾油等药物。切忌把冻伤部位直接泡入过热的水中或用火烤。

（3）若长时间在寒冷的地方逗留，一定要不停地运动，切忌在疲劳、饥饿时坐卧在雪地上，更不要睡着。

（4）冰雪天气期间尽量减少户外活动，出门时要注意防滑，也要做好交通长时间堵塞甚至瘫痪的准备，如带足衣服和食品等。

（5）处在有雪崩隐患地域的学生要对雪崩有所认识，尽量绕开容易发生雪崩的斜坡。

（6）碰到雪崩时，抛掉身上一切重物，然后横向逃跑，而不要往雪崩的前方跑。若形势不利于逃跑，则立即找一个大块岩石或类似的坚固凸起物作掩体，从而阻挡雪崩直接冲击身体。

（7）雪崩发生后如果被埋入雪中，要尽量露出头部，以保持呼吸通畅。当雪崩减弱时，要立即以游泳的姿势划往高处。如果不能爬出雪堆，应放慢呼吸，耐心等待救援。

四、如何应对暴雨

中国气象上规定，24 小时降水量为 50 毫米或以上的雨称为"暴雨"。按其降水强度大小又分为三个等级，即 24 小时降水量为 50～99.9 毫米称"暴雨"，100～250 毫米为"大暴雨"，250 毫米以上称"特大暴雨"。

（1）被困时，利用通信设施联系救援，或使用哨子、色彩鲜艳的衣服、镜子等发出求救信号。

（2）如果被卷入洪水中，一定要尽可能抓住固定的或能漂浮的东西，寻找机会逃生。

（3）若暴雨来临时正在驾车，应远离路灯、高压线、围墙、广告牌等危险处，绕开涵洞、桥下等地势低洼处。

（4）在涉水过程中应当使用一挡或二挡的低速挡，尽可能不停车、不换挡、匀加速，驶出积水区后还要加大油门低速慢行一段时间，通过汽车排水将水排出。

（5）车在积水中已经熄火时，切勿试图启动发动机，当水漫进车里时，迅速离开车辆。

（6）发现高压线铁塔倾倒、电线低垂或断折，要远离避险，不可触摸或接近，防止触电。

 安全互动抢答

（1）遇到雷电天气时怎么办？

（2）遇到大风天气时怎么办？

（3）如何防止被冻伤？被冻伤后如何处理？

第二节　地质灾害

案例再现

2008年5月12日14时28分04秒，四川省阿坝藏族羌族自治州汶川县发生里氏8.0级地震，地震造成69227人遇难，374643人受伤，17923人失踪，破坏地区超过10万平方千米。地震波及大半个中国及亚洲多个国家和地区。北至辽宁，东至上海，南至泰国、越南，西至巴基斯坦均有震感。这是中华人民共和国成立以来破坏力最大的地震，也是唐山大地震后伤亡最惨重的一次地震。

在如此严重的地质灾难面前，人类是多么脆弱和渺小，但不得不提的是我们中国人的勇敢和顽强。那次地震中，涌现出了一批可歌可泣的英雄人物，他们的事迹感人至深。如手刨瓦砾救出同学的初中生，自费从唐山赶去救灾的十三位农民兄弟，冒死跳伞到灾区的伞兵，为保护孩子而失去生命的伟大母亲等。

我国是一个多灾多难的国家，当我们缅怀那些在灾难中死去的同胞时，也应该思考，当灾难突然来临时，该如何正确地应对和自救。

视频：防震减灾

一、遇到地震怎么办

地震是人们通过感觉和仪器能觉察到的地面振动，它与风雨、雷电一样，是一种极为普遍的自然现象。强烈的地面振动，即强烈地震，会直接和间接造成破坏，成为灾害。凡由地震引起的灾害，统称为地震灾害。

据统计，全世界每年约发生 500 万次地震，不过 99％ 以上的地震是微小地震，人们不容易感觉到。但强烈的突发性地震往往使人们猝不及防，从而造成人员伤亡和巨大的经济损失。

由于现代科学技术还无法十分准确地对地震发生的时间和地点进行预报，往往是在我们毫无准备、猝不及防的情况下，地震就发生了。因此，为了减少地震带来的危害，日常防护也是非常重要的。

（1）注意地震前的异常现象。很多时候，地震前会出现地光、地声、地面的初期震动等现象，当地震从地下出动到房屋开始坍塌会有一个短暂的时间差，称之为救生时间。

【安全小贴士】

地震的前兆

1. 地　声

地震之前发自地下深处的一种响声，是一种重要的临震宏观前兆。人们听到的地声很像雷声、炮声、机器轰鸣声、机车声、撕布声、狂风怒吼声等。地声一般出现在震前几分钟，是一种临震信号。

2. 地　光

地光的出现往往预示着地震马上就要发生了。地光的颜色有蓝、红、白、黄、绿等，形状有带状、条状、片状、球状、柱状等。地光与地声大多相伴出现，但地光较多出现在地声之前。

3. 水　位

水位主要表现为水位的突升剧降，伴有翻花、冒泡、打旋等。

4. 动　物

地震前各种动物的生活习性和行为会出现异常反应。

（1）穴居动物

例如老鼠、蛇、蚯蚓等，震前它们的异常行为主要有冬眠期间大量出洞，活动规律反常，成群结队，四处跑，惊叫、惊慌或呆痴等。鼠类在震前成群出洞，四处窜逃，不怕人和猫等。

（2）水栖动物

水栖动物主要是江河池塘中的鱼类及蛙类等，震前较为普遍的现象是浮头昏迷、打旋翻肚、翻腾跳跃等。

（3）地面动物

牛、马等大牲畜和狗、猪、羊等家畜在震前一般会出现的异常现象是：焦躁不安、嘶叫乱跑、萎靡不振、不进食、不进窝等。狗则更多地表现为无缘无故地狂跑狂吠，在墙脚刨洞等。

（4）飞行动物

家禽及常见的鸟类和昆虫的异常行为主要有：不符合常规地成群惊飞惊叫、不进窝巢栖息、呆滞无神、不思寻食等，如鸡往高处惊飞栖息、鹅和鸭赶不下水或下水后惊飞上岸等现象。

（5）气　象

地震与气象的变化也有一定的联系，如震前高温酷热、雷雨骤烈、阴霾昏晦、水涝干旱、冬暖春寒等反常现象。

（2）要保持冷静，尤其是在教室、食堂等人多的地方，要听从老师或有相关工作人员的指挥，避免人群因惊慌而出现踩踏事故，从而影响撤离效率。

【安全小贴士】

作为学校来说，如果地震来临时，最需要学校领导和教师的冷静与果断。有中长期地震预报的地区，平时要结合教学活动，向学生们介绍地震和防震抗震知识。震前要安排好学生转移、撤离的路线和场地。震时可以引导学生躲避在比较坚固、安全的房屋里；教学楼内的学生可以到开间小、有管道支撑的房间里，绝不可让学生们乱跑或跳楼。震后要沉着地指挥学生们有秩序地撤离。

（3）远离煤气和电力设施，以防因此类设施受损发生触电或火情。

（4）迅速撤离到户外开阔的区域，如果所处为高层楼房，千万不要去阳台，不要乱跑或慌张跳楼，更不要使用电梯。

（5）无法撤离时，尽量躲在体积小的房间，如卫生间、厨房等，最好能找一个可形成三角空间的地方，或者选择承重墙、墙角、坚固的桌子等承载力较大的地方躲避，同时护住头部，尽量远离如玻璃、书柜等这类易碎和易倒的物体。

室内较安全的避震空间有：

（6）撤到室外后，也应远离或避开广告牌、高压线、变压器、高大的建筑物、山崖、河边等危险物品或地带，尤其不能到桥下避险，也不要慌乱奔跑，以免摔倒或掉进地震裂缝中。

（7）一旦被埋压，如果暂时不能脱离危险区，要设法避开身体上方不结实的坍塌物。如果手可以活动，尽量寻找物品支撑断壁残垣，加固周围环境，等待救援。同时，尽量寻找身边能发声的物品，以便发出求救信号。

（8）如果被埋压在废墟中，周围一片漆黑，切记不要慌张，一定要树立生存的信心，千方百计保护自己。同时坚信坚持就能胜利，等待救援。

二、遇到泥石流怎么办

泥石流一般爆发突然、来势凶猛，并携带大量泥沙及石块。泥石流速度快、流量大，具有强大的能量，因而破坏性极大。

（1）野外宿营时要对泥石流的威胁有清醒认识，应选择平整的高地做营地，不

要在谷底、河床或有滚石和大量堆积物的山坡下扎营。

（2）泥石流的发生常常滞后于降雨，所以连续降雨或暴雨之后，不能立刻到危险区去。

（3）在野外或山区，一旦遇到大雨，要注意观察周围的情况，特别要留心倾听远处是不是传来隆隆的轰鸣声。如果听到了这种声音，则应该迅速向沟岸两侧山坡或高地跑，不要顺泥石流沟向下游跑，要远离山谷、河床等低洼的地方，也不能在树上躲避。

（4）万一不幸陷入泥潭中，不要慌乱，要大声呼救，并且冷静地自救。可以尽力将身体向后仰，轻轻躺在泥潭上，慢慢将身体抽出。万万不可胡乱挣扎，以免越陷越深。

（5）泥石流对人的伤害主要是泥浆使人窒息。将伤员救出后，应立即清除口、鼻、咽喉内的泥土及痰、血等，然后应使其平卧，头后仰，将舌头牵出，尽量保持伤员的呼吸道畅通。

三、遇到海啸怎么办

海啸就是由海底地震、火山爆发、海底滑坡或气象变化产生的破坏性海浪。海啸的波速高达每小时 700～800 千米，波长可达数百公里，在几小时内就能横过海洋。海啸摧毁堤岸，淹没陆地，夺走人们的生命财产，破坏力极大。

海啸

（1）地震、海啸发生的最早信号是地面强烈震动，地震波与海啸的到达有一个时间差，正好有利于人们预防。如果感觉到地面有较强的震动，不要靠近海边、江河的入海口。如果听到有关地震的预报，要做好防海啸的准备，同时关注电视和广播新闻。

（2）如果发现潮汐突然反常涨落，海平面显著下降或者有巨浪袭来，都应以最快速度撤离岸边。海啸前海水异常退去时往往会把鱼虾等许多海洋生物留在浅滩。

此时应当迅速离开海岸，并向内陆高处转移，千万不要前去捡鱼或看热闹。

（3）如果海啸发生时已经来不及逃跑，可以牢牢抓住近处比较牢固的东西，深吸一口气，并屏住呼吸。因为海啸发生的时间往往很短，有时候这样做也可以幸存下来。

（4）如果在海啸发生时不幸落水，首先要积极自救。要尽量抓住木板等漂浮物，同时注意避免与其他硬物碰撞。

（5）在水中不要胡乱挣扎，如果不能游到岸边，应尽量减少动作，以保留体能等待救援。

（6）不要喝海水。海水不仅不能解渴，反而会让人出现幻觉，导致精神失常甚至死亡。

（7）尽可能向其他落水者靠拢，这样既便于相互帮助和鼓励，又能抱在一起减少身体的热量散失，同时因为目标扩大更容易被救援人员发现。

（8）人在海水中长时间浸泡，一个极大的威胁就是热量散失造成体温下降。将落水者救上岸后，最好能放在温水里恢复体温，或尽量裹上被、毯、大衣等保温，并适当喝些糖水以补充体内的水分和能量。不要采取局部加温或按摩的办法，更不能给落水者饮酒，饮酒只能使落水者自身的热量更快散失。

四、遇到洪水怎么办

洪水是由暴雨、急骤融冰化雪、风暴潮等自然因素引起的江河湖海水量迅速增加或水位迅猛上涨的水流现象。我国是世界上水灾频发且影响范围较广泛的国家之一。全国约有 35％ 的耕地、40％ 的人口和 70％ 的工农业生产经常受到江河洪水的威胁，并且因洪水灾害所造成的财产损失居各种灾害之首。

抗洪英雄李向群

（1）首先应该迅速登上牢固的高层建筑避险，而后要与救援部门取得联系。

（2）避难所一般应选择在距家最近、地势较高、交通较为方便及卫生条件较好的地方。比如高层建筑的平坦楼顶，地势较高或有牢固楼房的学校、医院。

（3）将衣被等御寒物放至高处保存；将不便携带的贵重物品做防水捆扎后埋入地下或置放高处，票款、首饰等物品可缝在衣物中。

（4）扎制木排，并搜集木盆、木块等漂浮材料加工为救生设备以备急需；洪水到来时难以找到适合的饮用水，所以在洪水来之前可用木盆、水桶等盛水工具贮备干净的饮用水。

（5）准备好医药、取火等物品；保存好各种尚能使用的通信设施，可与外界保持良好的通讯、交通联系。

（6）洪水过后，要服用预防流行病的药物，做好卫生防疫工作，避免发生传染病。

 安全互动抢答

（1）当地震发生时来不及逃跑，该如何做？

（2）如何避免陷入泥石流中？

（3）海啸发生时会有前兆吗？当不幸掉入海水中时，该如何做？

第十章

急 救 处 理

本章导读

　　近年，地震、海啸、火灾、洪水、甲流等各种突发事件频频出现，运动损伤、交通事故等各种意外伤害事故层出不穷，现场施救在社会发展纷繁复杂的今天显得尤其重要。为了维持受害者生命、稳定伤情、防止继发性损伤就必须对伤者实施现场急救，但猝死病人抢救的最佳时间是 4 分钟内，严重创伤病员抢救的黄金时间是 30 分钟内，故意外伤害现场的当事人或旁观者掌握紧急救助技能对自救或对他人实施救助非常重要，如果施救及时准确可以在很大程度上减少不必要的身心伤害和财产损失。

　　大学生由于生活经验不足，处理意外伤害事件的能力有限，使得他们在遇到突发事件和意外伤害时经常会手足无措，从而错失很多自救或施救于人的良机，而使事故向恶性方向延展下去，其后果也是令人悲痛不已。随着近年来大学生意外事故频率的增加，加强对大学生紧急救助知识的宣传和教育至关重要。

知识点睛

　　（1）知道常见疾病的急救措施。
　　（2）知道损伤的急救及处理方法。

第一节　常见疾病急救

案例再现

2018 年 10 月 21 日 15 时许，四川某学院学生小李在教室内突然昏倒，同学们立即把他平放在地上，并拨打了 120。但此时小李浑身冒汗、脸色惨白、呼吸困难，感觉到事态严重，同学小范赶紧跑到校门口去找出租车。

正在学院南大门候客的出租汽车司机邹师傅听完小范说明情况后，意识到情况紧急，二话未说，立即开车"冲"进校园，和同学们一道将不省人事的小李抬上出租车，随后往医院"狂奔"而去。

一路上，邹师傅看到护送的同学不太懂急救知识，便告诉他们要把病人的头部放平，保持呼吸畅通，并打开车窗流通空气，同时提醒他们随时观察小李的脉搏。几分钟后，他们"火速"抵达医院，并迅速将病人送进急救室。

经医院诊断，原来小李对花生过敏，因午饭误食了含花生的食物，引起了过敏性反应，产生休克，幸好及时送往医院并一路采取正确的护理措施，否则后果不堪设想。

面对突发性的疾病，一方面我们要及时拨打 120 求助，一方面也要学习并运用正确的急救知识，关键时刻可以挽救性命。

一探究竟

视频：休克急救

一、休克时如何急救

休克是人体主要器官的血液供应不足，缺氧所致。心跳减弱、大量出血、剧烈呕吐、腹泻、严重烧伤等都可能导致休克。

休克的急救方法如下：

（1）出现休克时救护者应该使患者躺卧，尽可能抬高患者下肢，促使血液流到脑部，有条件时可给患者吸氧。如无外伤，可解开患者颈、胸及腰部的衣服，以免妨碍呼吸和血液循环，并马上拨打 120 寻求帮助。若有外伤出血应立即止血。

（2）若患者出现呼吸停止，应马上进行人工呼吸，具体操作可参考后面第五小节内容。

（3）如果患者感觉口干，可给患者一点水润唇，但不要让患者饮食，以免耽误到医院后实行麻醉的时间。

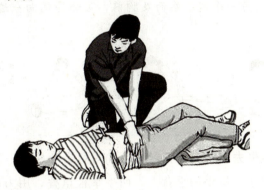

二、窒息时如何急救

窒息就是血液缺氧，若不及时救治会危及生命，因为脑内的神经细胞缺氧三分钟就会死亡。导致窒息的原因有很多，食物、血液、呕吐物、松脱的牙齿等物件会使呼吸道堵塞引起窒息；意外触电、胸部受压、肺部损伤、颈部受勒等都会引起窒息；哮喘或气管炎发作也会导致窒息。

【安全小贴士】

窒息的常见原因有三种：

（1）机械性窒息，如缢、绞、扼颈项部、用物堵塞呼吸孔道、压迫胸腹部以及患急性喉头水肿或食物吸入气管等造成的窒息。

（2）中毒性窒息，如一氧化碳中毒，导致组织缺氧造成的窒息。

（3）病理性窒息，如溺水和肺炎等引起的呼吸面积的丧失。

窒息的急救方法如下：

（1）患者出现窒息时，应马上采取急救行动。若是呼吸道阻塞，应将患者下颌上抬，使头部伸直、后仰，解除舌根后坠，使气道畅通，然后用手指或用吸引器将口、咽部呕吐物、血块、痰液及其他异物挖出或抽出。当异物滑入气道时，可使患者俯卧，用拍背或压腹的方法，拍挤出异物（具体方法请参考第二节内容）。

（2）呼吸道畅通后如果患者仍未恢复呼吸，应马上进行口对口人工呼吸。

（3）待患者呼吸恢复正常后，把患者的身体安置为复原卧式，并尽快拨打120

寻求救助。但切记不要单独撤下患者，以免患者呼吸中断。

【安全小贴士】

　　复原卧式是指让受照料者仰卧于床上，一腿伸直，另一腿屈曲，一手90度角摆放在身旁，另一手则屈在面及胸前，头部转侧向一边以防止舌头倒后阻塞气管。

　　（4）当患者已经失去意识时，抢救者可面对患者骑跨，一手掌根放在其肚脐上方两横指处，一手放在定位手的手背上，两手掌根重叠，用力向内、向上快速冲击患者腹部5次，冲击时动作要明显而分开，间隔清楚。

三、痉挛时如何急救

　　痉挛，俗称抽筋，是指肌肉突然挛缩，令患者突感剧痛。运动时或运动后受冷，肌肉动作不协调，或者是大量出汗、呕吐、腹泻后体内盐分减失，都会引起痉挛。

　　抽筋发生时，患者需立刻休息，对抽筋的部位进行揉捏，并采用合适的方式将抽筋部位的肌肉拉长。若肌肉抽筋的时间很长，可使用热敷或热水浸泡的方法来治疗。此外，喷洒、擦涂一些松筋止痛的药水、药膏可以减缓疼痛。

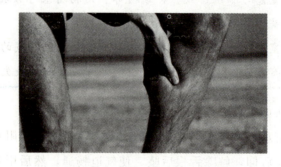

【安全小贴士】

　　万一再次发生抽筋，则需考虑肌肉是否过度疲劳或脱水，前者必须停止活动进行休息，后者则需补充水分和电解质，如喝盐水。

四、中暑时如何急救

一般中暑的表现症状有：体温超过 39℃、脉搏快、瞳孔缩小、意识丧失、精神错乱；严重中暑也称热衰竭，症状表现为：皮肤凉、过度出汗、恶心、呕吐、瞳孔放大、腹部或肢体痉挛、眩晕、头痛、意识丧失。

中暑的急救方法如下：

（1）一般中暑的处理方法主要是给患者降温。应尽快将患者移至清凉的地方，用凉的湿毛巾敷于患者前额和躯干，或用湿的大毛巾、床单等将患者包起来。还可用电风扇、有凉风的电吹风或扇子为其降温。注意不要用酒精擦拭中暑患者身体。

（2）严重中暑同样需要将患者移至清凉处并降温。此外，还要让患者躺下或坐下，并抬高下肢。可以让神志清醒的患者喝适量清凉的饮料或盐水。

【安全小贴士】
　　中暑后忌：过量饮水，特别是热水，正确的方法应是少量、多次饮水；忌过量进食，特别不能吃油腻、带腥味的食物，应尽量吃一些清淡爽口的东西。

五、食物中毒时如何急救

食物中毒最常见的症状是呕吐、腹泻、同时伴有上腹部疼痛。食物中毒者常会因上吐下泻而出现脱水症状，如口干、眼窝下陷、皮肤失去弹性、肢体冰凉、脉搏细弱、血压降低，甚至会导致休克。

【安全小贴士】

易中毒食物类别

- 桐油、大麻油等会引起食物中毒。
- 豆浆加热不彻底会引起中毒。
- 食用未烧熟的四季豆、扁豆、蚕豆可导致中毒。
- 发芽或变绿的马铃薯，食用后会发生中毒。
- 大量食用鲜黄花菜、银杏果或苦杏仁会导致中毒。
- 大量食用含有大量亚硝酸盐的荠菜、灰菜等野菜可能会引起中毒。
- 剩饭菜、甜点心、牛奶等加热不彻底会引起细菌性食物中毒。

1. 催　吐

如果服用时间在1～2小时内，可使用催吐的方法。立即取食盐20克加开水200毫升溶化，冷却后一次喝下，如果不吐，可多喝几次或用手指压迫喉咙，迅速促进呕吐。

2. 导　泻

如果病人服用食物时间较长，一般已超过2～3小时，而且精神较好，则可服用些泻药，促使中毒食物尽快排出体外。

3. 解　毒

如果是吃了变质的鱼、虾、蟹等引起的食物中毒，可取食醋100毫升加水200毫升，稀释后一次服下。

【安全小贴士】

某些食物搭配食用会引起中毒

红薯和柿子—会得结石；鸡蛋和糖精—容易中毒

洋葱和蜂蜜—伤害眼睛；豆腐和蜂蜜—引发耳聋

萝卜和木耳—皮肤发炎；芋头和香蕉—腹胀

花生和黄瓜—伤害肾脏；牛肉和栗子—引起呕吐

兔肉和芹菜—容易脱发；螃蟹和柿子—腹泻

鲤鱼和甘草—会中毒；甲鱼和苋菜—会中毒

西瓜和羊肉—伤元气；豆腐和菠菜—引起结石

六、如何实施心肺复苏术

心肺复苏术   心脏骤停急救

心肺复苏术是指当被救助者呼吸终止及心跳停顿时，合并使用人工呼吸及心外按摩来进行急救的一种技术。心脏复苏术的操作程序具体如下：

（1）安放被救助者，使其仰卧于木板或平地上，并检查是否有呼吸和脉搏。

（2）迅速清除被救助者口腔异物，并用仰头抬颌法使被救助者的口腔和咽喉呈直线，保持被救助者气道通畅。仰头抬颌法的具体操作如下：施救者跪于被救助者右侧，左手将伤员前额向后压，右手将被救助者颏部下颌底部的三角区向上、向前抬起。

（3）人工呼吸。打开被救助者口腔，用嘴包住被救助者的双唇深吹两口气，吹气时应捏住被救助者的鼻孔，以免鼻腔漏气，并注意观察被救助者胸部有无起伏。吹气后，放开被救助者鼻子，并准备下一次吹气，如此反复并有节律地（成人每分钟 12～16 次）进行，直至被救助者恢复自主呼吸。

（4）呼吸胸外心脏按压。胸外心脏按压的目的是维持伤员的血液循环，具体方法为：施救者跪于被救助者一侧，将双手上下重叠，并将手掌根部放在被救助者胸骨下段，然后翘起手指、伸直双臂（肘关节不弯曲），双肩垂直于按压部位，借助自身体重和肩部力量向下压，将胸骨下压约 3.5～4.5 cm，随即松手使胸骨复原（手掌不离开胸骨），如此反复有节律地（每分钟 80～100 次）进行，直至伤员恢复心跳。

（5）检查操作是否成功。对被救助者实施人工呼吸和胸外按压后，若能感觉被救助者大动脉搏动，或者发现被救助者恢复自主呼吸、双瞳孔由大缩小、肤色（特别是唇和指甲的颜色）转为红润，表示操作成功。

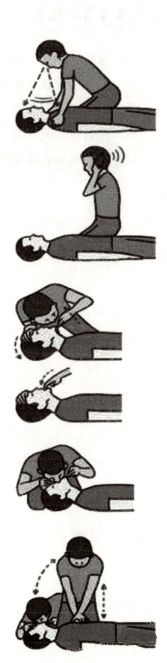

【安全小贴士】

　　人工呼吸时，如果碰到被救助者张不开口，可采用口对鼻吹气法。期间必须将被救助者的嘴巴用手捏紧，防止气从口内排出。

 安全互动抢答

　　（1）休克的症状有哪些？如何急救？

　　（2）窒息的症状有哪些？如何急救？

　　（3）抽筋时如何急救？

　　（4）中暑时如何急救？

　　（5）如何实施心肺复苏术？

第二节　损伤急救处理

案例再现

　　2017年8月2日19时许，在福建省某村，一放假在家的女大学生被毒蛇咬伤。父母没有及时将女孩送往医院救治，而是带到邻村一老人家中寻医。回家后，女孩蛇毒发作，于3日深夜2时许在医院经抢救无效后死亡。

　　"蛇咬伤的是孩子右脚的脚踝和小腿，每个伤口都有两个大牙印，并伴有红肿。"女孩父亲李先生说。

　　"孩子是在菜地旁的草丛被咬伤的。当时由于天黑，找不到毒蛇，就赶紧找来绳子绑住孩子小腿，随后用嘴吸出孩子脚踝的毒血，并用清水冲洗脚踝伤口。"李先生说，简单处理后，他就骑车送孩子来到邻村找一位老人治蛇毒，谁知到老人家中后，他又发现孩子小腿上也有两个被蛇咬的大牙印。

　　李先生说，老人了解情况后，很快对孩子的伤口进行涂药包扎处理，同时还拿了40多毫升药酒，让孩子吃完饭后先喝三分之一，剩下的再分两次喝。"当时，我询问这是什么，老人称是自制的'解蛇毒药酒'，并对我说孩子会好的，让我们回去。我临走时给了老人200元作为酬金。"

　　该事件中女孩父亲的急救措施是正确的，但是由于没有及时发现第二处伤口，也没有及时送往医院，才酿成悲剧。

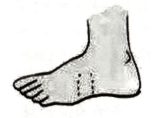

毒蛇咬痕　　　　　　　　　　无毒蛇咬痕

一探究竟

一、如何止血

1. 加压包扎止血法

该方法是用数层无菌敷料（如纱布、棉球等）盖住伤口，再用绷带、折成条状的布带或三角巾加压包扎伤口，其松紧度以能达到止血效果为宜。当伤口在肘窝、腋窝、腹股沟时，可在加垫敷料后，屈肢并固定在躯干上以加压止血。

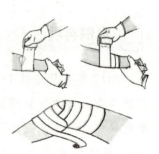

2. 止血带止血法

如果出血比较严重，最好使用如橡皮管或布条之类的止血带绑扎伤口近心端肌肉多的部位，其松紧度以摸不到远端动脉的搏动或伤口刚好止血为宜。

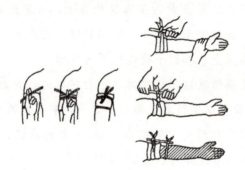

【安全小贴士】

止血时需要注意的问题：在绑扎止血带前，要尽量先将伤肢抬高，并在将要绑扎的部位垫上软质的敷料；若四肢出血，止血带应扎在上臂的上 1/3 处或大腿中部；扎上止血带后，要每隔半小时至 1 个小时松开一次，每次约 8 分钟，以防局部组织长时间缺氧而坏死。

二、烫伤、烧伤如何处理

（1）立即用流动的清水冲洗伤处，并浸泡在冷开水或干净凉水中 30 分钟，可减轻水肿和疼痛。水温越低越好，但不能低于零下 6 度。如果伤处不方便用凉水冲洗，可以用几条毛巾轮流进行湿敷。

（2）不要揉搓、按摩、挤压烫伤的皮肤，也不要急着用毛巾擦拭；伤处的衣裤应剪开取下，以免表皮剥脱导致皮肤的烫伤变重。

（3）不要在冲洗后的创面上自涂一些无效的药物和食品，如酱油、香油、小苏打等，这些做法会污染创面，造成感染；也不要在创面上涂紫药水或汞溴红（红汞），因为这样做非但起不到作用，还会遮盖创面，为诊断带来麻烦，而且较大面积涂红汞会引起汞中毒。

（4）不严重的轻度烫伤可在家中处理。对于发生在四肢和躯干上的创面可涂上紫草油或烫伤药膏；同时不要包扎，而是使创面裸露，与空气接触，并使创面保持干燥，这样能加快创面复原。

（5）如果伤面上出现了水泡，决不要自行将水泡弄破，以免造成感染。较大的水泡或水泡已破，应到医院进行消毒处理。

（6）对于严重的各种烫伤，应尽快去正规烧伤医院治疗，千万不要延误治疗，造成不良后果。

三、骨折时如何处理

发生骨折后，应先止血、包扎并对骨折处做初步固定，然后立即送往医院处理。注意，运送伤者过程中不要挪动骨折部位。下面是固定常见骨折的方法。

1. 前臂骨折的固定方法

首先在骨折突出处加垫敷料，然后将长度超过肘关节和腕关节的两块夹板分别置放在前臂的掌侧和背侧，并用绷带或三角巾将伤肢与夹板打结固定，然后用绷带或三角巾等将固定好的前臂悬挂于胸前。

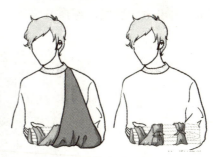

2. 上臂骨折的固定方法

首先在骨折突出处加垫敷料，然后将一块夹板放在伤臂外侧，并用两条绷带将夹板与伤肢的肘、肩两关节固定，再将前臂屈曲悬挂于胸前。

3. 小腿骨折的固定方法

首先在骨折突出处加垫敷料，然后将长度超过大腿中部和脚跟的夹板置于骨折小腿外侧，再用绷带分段固定伤口的

上下两端和膝、踝关节，并使脚掌与小腿垂直。若无夹板，可在膝、踝部垫好敷料后，将伤肢与健肢并列对齐固定。

4．大腿骨折的锻炼方法

首先在骨折突出处加垫敷料，然后将长度为从腋下至脚跟的夹板置于伤肢外侧并固定。

5．脊椎骨折的固定方法

将伤员平托起来放到硬木板上，并使其仰卧，然后用绷带将伤员的胸、腹、髂、膝、踝部固定在木板上。在脊椎骨折急救过程中，千万不能使用软担架搬运或徒手搬运伤员，以免伤员的脊椎弯曲或扭转。

6．颈椎骨折的锻炼方法

让伤员仰卧在木板上，并尽快给伤员安上颈托，无颈托时可用沙袋、衣服或棉垫填塞住伤员头部两侧、颈下、肩部两侧，以防头部左右摇晃，然后用绷带或三角巾将伤员的额头、下巴尖、胸部固定于木板上。

四、扭伤时如何处理

（1）不管是哪个部位扭伤，必须马上休息，尽量减少伤处用力，这样可以减少疼痛、出血或肿胀，促进伤处较快地复原。

（2）尽量在扭伤几分钟之内使用冷水或冰块等冷敷伤处。冷敷可使血管收缩，减少内出血、肿胀、疼痛及痉挛。

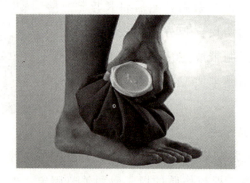

（3）到医院去做 X 光检查，看是否出现骨折或者关节错位。

（4）扭伤 24 小时之后就可以用水进行热敷，也可以用热醋、热酒等进行热敷，以活血通络、消肿止痛。同时，还可以外用跌打损伤药物，如红花油、活络油、云南白药喷雾剂等。

（5）脚部或者下肢扭伤后把伤处抬高于心脏高度，可以辅助止血止肿。

五、被蛇咬伤时如何处理

参加户外活动或者野外考察实习时，如果不慎被蛇咬伤，不要惊慌、不知所措。被蛇咬伤后，争取时间是最重要的。如果不知道咬伤人的蛇是否有毒，应按有毒处理。

一般而言，被蛇咬伤10～20分钟后，其症状才逐渐呈现。被蛇咬伤的处理方法如下：

（1）将伤口靠近心脏上端5～10厘米处用绷带或绳子扎紧，以缓解毒素扩散。但为防止肢体坏死，每隔10分钟左右放松2～3分钟。如果肿胀已超过带子，应将带子上移。

（2）用冷水反复冲洗伤口表面，用双手不断用力挤压伤口以挤出毒血，也可用吸吮的方法，尽量将伤口内的毒液吸出。吸吮时可在伤口上覆盖4～5层纱布，用嘴隔纱布用力吸吮（注意吸吮者口内不能有伤，否则会染上蛇毒）。

（3）为避免毒性迅速发作，应尽量减缓伤者的行动；应抬着或背着伤者，迅速到附近的医院救治。

六、被狗咬伤时如何处理

被狗咬伤后的最大隐患是感染狂犬病毒。狂犬病发病后死亡率为100％，且这种病毒有3～4周的潜伏期，有的长达数年。因此，一旦被狗咬伤后，应及时处理，切勿大意。

【安全小贴士】

狂犬病即疯狗症，又名恐水症，是一种侵害中枢神经系统的急性病毒性传染病，所有温血动物包括人类，都可能被感染。它多由染病的动物咬人而得，一般由被嘴边出白色泡沫的疯狗咬到而传染。虽然大多数狗都不携带狂犬病毒，但为保险起见，一旦被狗咬伤，应按狂犬病处理。

被狗咬伤的处理方法如下：

（1）若伤口流血，只要不是流血太多，就不要急着止血，因为流出的血液可将伤口残留的疯狗唾液冲走，起到一定的消毒作用。对于流血不多的伤口，要从近心端向伤口处挤压出血，以利排毒。

（2）可以用浓肥皂水反复清洗伤口，尤其是伤口深处，然后用清水冲洗。冲洗后，再用70％的酒精或50％～70％的白酒涂擦伤口数次。涂擦完毕后，不必包扎伤口，任其裸露。

（3）及时到医院进行处理，注射抗狂犬病免疫血清、狂犬病疫苗、破伤风抗毒素及抗生素等药物，避免得狂犬病。

七、气管有异物如何处理

任何物品进入气管内均称气管有异物，气管有异物常因在进食时打闹、哭笑，异物随吸气进入气管所致。当异物进入气管后，如果不及时处理，异物会堵塞呼吸道，引起窒息甚至死亡。

（1）发生气管异物时切忌慌张，首先要冷静判断一下气管是否完全阻塞，若是没有完全阻塞，可鼓励患者咳嗽或呼气，争取自行排出异物。

（2）当患者无法自行排出气管异物时，急救者站在患者身后，用双臂环绕患者的腰部，一只手握拳，另一只手紧握此拳，快速向上冲击按压迫患者的腹部；重复连续推击，直至异物排出。

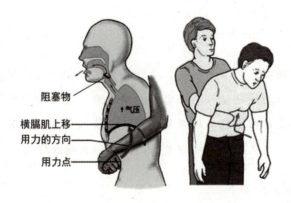

（3）当患者已经失去意识时，将患者以仰卧姿势放置，使其头后仰，使用压额举颌法以使气道开放，然后急救者跨骑在患者的髋部，一只手的掌根放在患者上腹部正中，另一只手放在前一只手的手背上，快速冲击按压患者腹部；重复连续推击，直至异物排出。

（4）在无人救助的情况下，患者应稍弯下腰，靠在固定的水平物体上，如桌子边缘、椅背、扶手栏等，以物体边缘按压上腹部，即快速向上冲击；重复之，直至异物排出。

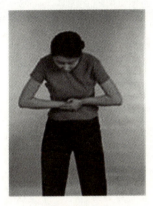

自救腹部冲击法(1)

自救腹部冲击法(2)

海姆立克急救法

【安全小贴士】

　　以上（2）（3）（4）条介绍的方法属于海姆立克急救法，其原理是：快速挤压腹部，使腹腔压力骤然增大，膈肌迅速上举，胸腔压力急速增大，从而驱使肺部残留空气形成一股气流，迫使阻塞气管的异物喷出。注意，当患者为孕妇或明显肥胖的人时，不可按压腹部，而是按压胸骨处。

 ## 安全互动抢答

（1）常用的止血方法有哪些？

（2）烫伤时应如何处理？

（3）被蛇咬伤时该怎么办？

（4）被狗咬伤时该如何处理？

第十一章

国 家 安 全

本章导读

　　维护国家安全，人人有责。传统的国家安全观的内容包括政治安全和国防安全。没有政治安全和国防安全，就根本不可能有国家安全。政治安全是指国家的政治制度和政治形势保持稳定，不受国内外敌对势力的破坏和颠覆。国防安全是指国家的领土、领海和领空安全，不受外来军事威胁或侵犯。政治安全和国防安全是国家安全的支柱与核心。新国家安全观的内容包括国防安全、政治安全、经济安全、科技安全、生态安全、文化安全和社会公共安全。

　　公民和组织应当为国家安全工作提供便利条件或者其他协助。公民发现危害国家安全的行为，应当直接或者通过组织及时向国家安全机关或者公安机关报告。

知识点睛

　　（1）了解国家安全的基本内容及如何维护国家安全。

　　（2）知道什么是邪教迷信，如何抵制。

第一节　维护国家安全

案例再现

2014年5月，广东省国家安全机关公布一起境外情报机构通过网络策反境内人员，窃取中国军事机密的案件，案犯李某被判处有期徒刑10年。据悉，这一境外情报机构近年针对中国大学生实施了数十次网络策反活动，他们以金钱诱使涉世未深的大学生甚至中学生参与情报搜集、分析和传递。

事件开始于2012年8月底，当时徐某刚被广东省某重点大学录取。由于徐某家庭条件不宽裕，于是他在QQ群里发了一条"寻求学费资助2000元"的求助帖。

不久，一网名为"Miss Q"的人回帖，询问了徐某的具体信息，然后表示愿意提供帮助。第二天徐某就收到2000元人民币汇款。之后，徐某按这名"好心人"的建议，写了收条，拍了照，然后通过QQ传给对方。"Miss Q"告诉徐某，他是一家境外投资咨询公司的研究员，需要为客户搜集解放军部队装备采购方面的期刊资料，希望徐某协助，作为资助学费的回报。徐某痛快地答应了。

这么好赚的钱，让徐某心理发生了变化。随后的2012年9月，对方向他提供了一份"田野调研员"的兼职，月薪2000元。徐某所在的广东某大城市有一个军港码头和一家历史悠久的造船厂，他的"调研"工作就是到军港拍摄军事设施和军舰，到船厂观察、记录在造和在修船舰的情况，并将有船舰方位标识的电子地图做成文档，提供给"Miss Q"。

双方约定的传送方法是：手机短信约好时间，然后徐某把加密文档上传至网络硬盘，而"Miss Q"立即从境外登录下载。

一年后案发，徐某承认，做"调研员"不久，他就意识到对方是搜集我国军事情报的境外间谍，但利诱当前，难以拒绝对方。2013年5月，徐某被国家安全机关依法审查。

来自权威消息源的案例显示，多数学生在网上求职或网聊过程中被境外间谍盯上，他们最初提供信息时并不知情，但部分人在觉察对方身份的情况下仍因贪利而持续配合，直至被国家安全机关依法处理。

一探究竟

一、国家安全的基本内容是什么

国家安全是国家的基本利益。我国的国家安全包括 10 个方面的基本内容：国民安全、领土安全、主权安全、政治安全、军事安全、经济安全、文化安全、科技安全、生态安全、信息安全。其中最基本也是最核心的是国民安全。

我国的国家安全概念是邓小平同志提出的，意思是保证国家不仅不受外国侵略，而且在国内也要稳定，要反对颠覆。

【安全小贴士】

全民国家安全教育日是为了增强全民国家安全意识，维护国家安全而设立的节日。每年 4 月 15 日为全民国家安全教育日。

国家安全法确立全民国家安全教育日，其最重要的实践意义，就是要动员政府和全社会共同参与到维护国家安全的各项工作中来。维护国家安全与每个人的切身利益密切相关，以人民安全为宗旨也是"总体国家安全观"的核心价值。只有人人参与，人人负责，国家安全才能真正获得巨大的人民基础，也才能有坚实的制度保障。

二、危害国家安全的行为

危害国家安全的行为，是指境外机构、组织、个人实施或者指使、资助他人实施的，或者境内组织、个人与境外机构、组织、个人相勾结实施的下列危害中华人民共和国国家安全的行为：

（1）阴谋颠覆政府，分裂国家，推翻社会主义制度的。

（2）参加间谍组织或者接受间谍组织及其代理人的任务。

（3）窃取、刺探、收买、非法提供国家秘密的。

（4）策划、勾引、收买国家工作人员叛变的。

（5）进行危害国家安全的其他破坏活动的。

三、如何维护国家安全

国家安全对国家、民族的生存和发展提供了有力的保障。维护国家安全是大学生报效祖国、弘扬爱国主义精神的重要体现。当前，我国安全形势总体是好的，但不稳定因素依然存在，如恐怖主义、分裂组织、邪教组织、军事间谍、经济间谍等。

（1）始终树立国家利益高于一切的观念。国家安全是国家和民族生存与发展的首要保障。把国家安全放在高于一切的地位，是国家利益的需要，也是个人安全的需要。

（2）对国家安全秘密要有正确的认识。每个国家都有自己的政治、经济、文化、军事、科技、资源等秘密，不要受人诱惑去窃取这些秘密，要保守已知晓的国家秘密，否则很容易走上违法犯罪的道路。

（3）对于试图分裂祖国和窃取国家机密的人，要及时举报，进行斗争，决不允许其恣意妄行。

（4）当国家安全机关需要大家配合工作的时候，每个人都应当按照《国家安全法》赋予的义务和要求，尽力提供便利条件或其他协助，如实提供情况和证据，做到不推、不拒，更不能以暴力、威胁等方法阻碍国家安全机关人员执行公务。

 安全互动抢答

（1）谈谈你对国家安全的认识。

（2）如何维护国家安全？

第二节　抵制邪教迷信

案例再现

　　2014年5月28日晚9点多，在山东招远的一家麦当劳餐厅内发生了一起命案，一名就餐的女子遭到6名男女的疯狂殴打，最终不治身亡。当地警方通报，这6名犯罪嫌疑人系信奉"全能神"的邪教组织成员。为发展组织成员，向在事发餐厅就餐的人索要电话号码，遭被害人拒绝后，将其残忍殴打致死。

　　这桩震惊全国的血案，已有先兆。5月26日，施暴者之一的张某用拖把在楼道里打死了自己家名为"路易"的狗，理由是另一名施暴者吕某说它是"邪灵"。张某自称，杀狗之后，她和吕某确定自己就是神，感觉很兴奋。

　　张某称当晚他们6人坐在麦当劳餐厅中，周围不少人都看他们，眼神充满"好奇、善意、友好"。她感觉周围的人跟他们是"有缘人"，渴望与他们交流，然后他们开始向周围人要电话号码。她把要来的电话号码分别以"小羊"和"小羊2"等名称存在自己的手机通讯录里。"我们相信他们既然在我们身边，就是跟我一样的人，也是神的'小羊'，只是他们自己还没意识到。"

　　但之后他们碰到"钉子"。据目击者描述，被害者拒绝了他们，说："去，一边玩儿去。"于是吕某对张某说，邻座那个女的就是"恶灵"，她一直在攻击我们，并称"恶灵"在吸她的精气。张某表示，"我必须杀死她，不然她就会杀死我及周围的人。"

　　现场视频显示，张某六人在残忍殴打被害者的同时，口中喊着"她是一个恶魔""死去吧，恶魔"等口号。这个畸形的邪教组织，终于不可自拔地掉入癫狂的深渊。

一、邪教组织的社会危害

邪教组织是指冒用宗教、气功或者其他名义建立，神化首要分子，利用制造、散发迷信邪说等手段蛊惑、蒙骗他人，发展、控制成员，危害社会的非法组织。

1. 精神控制

邪教教主自命为至高无上的"神"，逐渐削弱信徒心理防线，扭曲其正常人格，剥夺其独立思考能力。教主的政治野心和权力欲望，随着其势力的扩张不断膨胀，策划或鼓动信徒的精神和行为达到痴迷。

2. 非法敛财

邪教教主通常采用秘密结社的方式，要求信徒断绝或疏远与家庭和社会的联系，对教主奉献出自己的一切，包括思想、财产乃至肉体、生命。教主攫取信徒的"捐献"，非法敛财，骄奢淫逸，肆意挥霍。

3. 暴力行为

邪教教主大肆宣扬世界末日，制造恐慌气氛，使信徒狂热盲从。当教主感到其"神"的地位受到威胁，便铤而走险，以世界末日来临为号召，煽动信徒暴力相抗，激烈反抗社会，以自杀、枪战、放毒等疯狂手段，造成惨烈的社会危害。

二、迷信的社会危害

所谓迷信，就是对人或事物的盲目信仰和崇拜。狭义的迷信即封建迷信。迷信不破除，社会难以健康发展。

迷信的社会危害主要表现在以下三个方面：

（1）对信众和社会其他成员具有欺骗性。

（2）会使信众的身心受到伤害。

（3）有可能对整个社会的稳定和秩序构成威胁。

【安全小贴士】

生活中常见的伪科学形式有：把神学、玄学当科学，如神创论；把迷信当科学，如卜卦、算命、阴阳、星相、血型学、特异功能、心灵感应等；把幻想当科学，以及违背物理学原理和生物学原理的惊人主张。

三、如何坚决拒绝邪教迷信

（1）要充分认清邪教迷信的本质及其危害，相信科学，崇尚文明，珍爱生命，不断增强识别和抵制邪教迷信的能力。

（2）面对邪教迷信宣传，同学们要始终做到不听、不信、不传。

（3）坚决抵制邪教迷信的各类非法活动。见到邪教迷信人员在散布邪教迷信言论、非法聚会、搞破坏活动时，要及时向学校和公安部门报告。

（4）对迷上邪教迷信的亲友和同学，要竭力劝说，帮助他们早日脱离邪教迷信组织，回到正常的生活中来。

✅ 安全互动抢答

（1）谈谈你对国家安全的看法。

（2）什么是邪教？如何抵制邪教？

（3）如何破除封建迷信？

参考文献

［1］ 宋志伟，燕国瑞. 大学生安全教育［M］. 北京：清华大学出版社，2007.

［2］ 王杰秀. 居民生存教育手册——重大自然灾害应对篇［M］. 北京：石油工业出版社，2009.

［3］ 张丽梅. 旅游安全学［M］. 哈尔滨：哈尔滨工业大学出版社，2010.

［4］ 郑小平，张兴民，杜丽娟. 怎样应对自然灾害［M］. 北京：星球地图出版社，2010.

［5］ 潘勤奋，林海宏. 大学生就业与创业指导［M］. 厦门：厦门大学出版社，2007.

［6］ 李峥嵘. 大学生安全知识读本［M］. 西安：西安交通大学出版社.

［7］ 校园安全教育委员会. 校园安全教育读本［M］. 镇江：江苏大学出版社，2015.